普通高等教育电子通信类特色专业系列教材

数字图像处理学习指导
（第二版）

许录平　编著

科学出版社

北 京

内 容 简 介

本书是与科学出版社出版的《数字图像处理》(第二版)(许录平编著)配套的学习指导书。在章节安排上与主教材相一致,各章内容包括学习要点、难点和重点、典型例题、习题及解答。第1~2章讲述数字图像处理基础知识;第3~7章给出了实现主教材中主要算法的示例 Matlab 程序;第8~9章介绍了图像描述与图像分类识别。附录给出了一套上机实验题及对应的 Matlab 程序和结果。

本书可作为高等院校数字图像处理等相关课程的教学参考书,也可作为自学者学习数字图像处理的辅导材料,还可供数字图像处理和分析领域的科技工作者参考。

图书在版编目 CIP 数据

数字图像处理学习指导/许录平编著 . —2 版. —北京:科学出版社,2017.3

普通高等教育电子通信类特色专业系列教材

ISBN 978-7-03-052055-5

Ⅰ.①数⋯ Ⅱ.①许⋯ Ⅲ.①数字图像处理-高等学校-教材 Ⅳ.①TN911.73

中国版本图书馆 CIP 数据核字(2017)第 047151 号

责任编辑:潘斯斯 / 责任校对:桂伟利
责任印制:张 伟 / 封面设计:迷底书装

科 学 出 版 社 出版
北京东黄城根北街 16 号
邮政编码:100717
http://www.sciencep.com

北京厚诚则铭印刷科技有限公司 印刷
科学出版社发行 各地新华书店经销

*

2009 年 2 月第 一 版 开本:B5(720×1000)
2017 年 3 月第 二 版 印张:13
2022 年 10 月第十次印刷 字数:252 000
定价:49.00 元
(如有印装质量问题,我社负责调换)

第二版前言

《数字图像处理学习指导》的第一版是作者于 2009 年按照高等院校教材及科技工作者参考的需要,为 2007 年出版的《数字图像处理》教材配套的学习指导书。该书出版后,受到了高校师生和广大科技工作者的一致好评,很好地配合了《数字图像处理》书籍的使用,取得了良好的社会效益。

近十年来,数字图像处理技术得到了迅猛发展,并已应用到许多领域,如工业、农业、国防军事、生物医学、通信、社会和日常生活等,尤其在人工智能等应用领域,数字图像处理已成为其核心技术。对此,在科学出版社"十二五"规划教材项目和西安电子科技大学教材立项的支持下,作者在全面总结原学习指导书的基础上,适应学科和专业的发展需要,汲取读者反馈的信息,尤其是宝贵的意见和建议,对全书进行了系统全面的修改。

本次修订,使本书作为教材的学习指导和技术参考的特色更加突出,主要表现在如下几个方面。

(1) 结构上力求简洁明了,内容上规范、实用,内涵上注重引导、启发和能力培养。

(2) 配合教材的教学,融合科学研究成果,使其具备教学指导和参考书的必备功能。

(3) 概括学习要点,总结重点和难点,分析典型例题。

(4) 列举书中主要算法的示例 Matlab 程序。

(5) 每章配有详细的习题解答,便于教师参考,读者学习、理解掌握。

本书修订过程中,得到了科学出版社"十二五"规划教材和西安电子科技大学教材建设立项的资助,在此表示感谢。同时,参考了国内外大量书籍和论文等参考资料,对这些参考资料的著作者,作者深表感谢。

由于编者水平有限,书中难免还存在一些缺点和不足之处,期待读者一如既往的批评指正。

许录平

2017 年 2 月于西安电子科技大学

第一版前言

数字图像处理是利用计算机或数字系统对图像进行转换、加工、分析和处理，以改善其视觉效果，满足实际应用需要，或达到识别理解的目的。近十年来，数字图像处理技术得到了迅猛发展，并已应用到许多领域，如工业、农业、国防军事、社会和日常生活、生物医学、通信等。数字图像处理的理论方法与技术涉及数学、物理学、信号处理、控制论、模式识别、人工智能、生物医学、神经心理学、计算机科学与技术等众多学科，是一门兼具交叉性和开放性的学科。为了教好、学好这门课，既要理解概念，掌握处理方法，也要学会各种应用。

为此，编者根据多年的实际教学经验编写了这本学习指导书，以配合教师的教学，帮助学生学习。为便于教学及配合主教材，书中采用与主教材章节一致的内容安排方式，并遵循主教材将面向教学和面向应用相结合，从概念出发、深入浅出、结合应用、注重能力培养的指导思想，除了对各章的学习要点进行概括外，也对各章的难点和重点进行了总结，给出了典型例题及其解答过程，以辅助教师在教学中对各章内容的把握和侧重，帮助学生对所学内容全面了解。本书还给出了与主教材内容相配套的习题及习题参考答案，供学生练习使用。同时，在第 3～7 章给出了实现主教材中主要算法的示例 Matlab 程序，以帮助学生进行图像处理算法的实践锻炼。最后，在附录中给出了一套上机实验题及对应的 Matlab 程序和结果。

本书在编写过程中，得到了西安电子科技大学教材建设立项的资助，在此表示感谢。同时，本书也参考了国内外大量书籍和论文等参考资料，在此对其作者深表感谢。

由于编者的水平有限，书中难免有错误和不妥之处，希望广大读者批评指正，编者将不胜感激，并在后续的版本中逐步修改完善。

许录平
2008 年 10 月于西安

目　　录

《数字图像处理(第二版)》购买链接　　　《数字图像处理学习指导(第二版)》购买链接

第1章 绪 论

1.1 学习要点

本章主要介绍了数字图像处理的一些基本概念、图像处理技术、图像处理系统构成及图像处理的重要应用。

1.1.1 图像、像素及其取值

一幅灰度图像是一个二维的光强函数 $f(x,y)$，其中 x 和 y 是空间坐标，f 在 (x,y) 点的值是正比于图像在该点亮度值的函数取值。如果是一幅彩色图像，f 则是一个向量，它的每一个分量代表图像在该点相应颜色通道(band)的亮度值。

数字图像是空间坐标和函数值都离散化的图像 $f(m,n)$，它可以用一个二维的整数数组来表示，或者一系列的二维数组来表示，每一个二维数组代表一个颜色通道。数字化后的亮度值称为灰度级(gray level)的值，简称灰度值。

数组的每一个元素称为像素(pixel 或 pel)，这个名称是来自术语"图像元素"(picture element)。

1.1.2 图像分类

根据表示图像的空间坐标和亮度(或色彩)的连续性可将图像分为模拟图像和数字图像。

模拟图像是空间坐标和亮度(或色彩)都连续变化的图像；数字图像是一种空间坐标和亮度(或色彩)均不连续的、用离散数字(一般是整数)表示的图像。

1.1.3 图像处理

图像处理就是对图像信息进行加工处理和分析，以满足人的视觉心理需要和实际应用或某种目的(如压缩编码或机器识别)的要求。图像处理可分为以下3类。

(1) 模拟图像处理(光学图像处理)：利用光学透镜或光学照相方法对模拟图像进行处理。

(2) 数字图像处理：利用数字系统或数字计算机对数字图像进行处理。

(3) 光电结合处理：利用光学方法处理运算量巨大的频谱变换等，而用计算机对其频谱进行处理分析。

1.1.4 图像表示

$I=f(x,y,z,\lambda,t)$ 可代表一幅运动的 (t)、彩色/多光谱的 (λ)、立体 (x,y,z) 图像。在一些特殊情况下,可表示为:

(1) 静止图像

$$I=f(x,y,z,\lambda)$$

(2) 灰度图像

$$I=f(x,y,z,t)$$

(3) 平面图像

$$I=f(x,y,\lambda,t)$$

(4) 平面静止灰度图像

$$I=f(x,y)$$

图像具有空间有界和幅度有限的特点。

1.1.5 数字图像处理的基本步骤

数字图像处理的基本步骤可分为图像信息的获取、存储、处理、传输、输出和显示。

1.1.6 数字图像处理的基本方法及要解决的主要问题

数字图像处理的基本方法包括图像数字化、图像变换、图像增强、图像恢复、图像压缩编码、图像分割、图像分析与描述和图像识别分类。

数字图像处理的目的是为了解决如下四个问题。

(1) 给定一幅图像 f,选择合适的处理方法,使得基于某种主观标准时,输出图像 g 比 f 更好,这就是图像增强(image enhancement)问题。这里更好的意思是,处理后图像 g 比原图像 f 更清晰或更易于后续处理。

(2) 给定一幅图像 f,选择合适的处理方法获得处理后图像 g,使得不损失有用信息(无损压缩)或不会损失太多细节(有损压缩)的前提下,g 相对 f 而言可以用更少的比特来表示。这就是图像压缩(image compression)的问题。

(3) 原图像 f 经过某成像或处理系统 $h(x,\alpha,y,\beta)$ 变成了 g,当给定一幅图像 g 和 $h(x,\alpha,y,\beta)$ 的一个估计,使得基于某种客观准则来恢复图像 f,这就是图像复原(image restoration)的问题。

(4) 给定一幅图像 f,选择合适的处理方法,使得输出图像 g 在某一些(或某一个)特征上比 f 突出,这就是图像描述(特征分析)问题。

1.1.7 数字图像处理系统的构成

数字图像处理系统的构成主要包括图像输入(图像数字化)、图像输出、图像存储、图像处理和分析及图像通信,如图 1.1 所示。

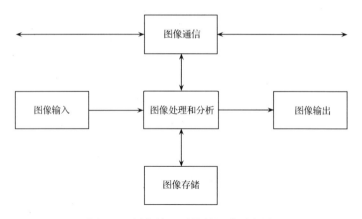

图 1.1　图像处理系统的组成示意图

1.1.8　数字图像处理的应用

数字图像处理的应用领域非常广泛,主要包括宇宙探测、通信工程、遥感、生物医学、工业生产、军事公安、信息安全和信息检索等。

1.2　难点和重点

数字图像处理即把在空间上离散、幅度上量化分层的数字图像,经过一系列待定模式的加工处理,以达到有利于人眼视觉或某种接收系统所需要的图像的过程。广义地说,一般数字图像处理的方法主要包括图像变换、图像增强、图像恢复、图像压缩编码、图像分析、图像识别等。由于数字图像处理技术发展很快,可认为图像分析和识别是相对独立的另两个部分,其基本特点为:输入的是图像信息,输出为非图像,即对图像的分析和识别分类,或对图像的描述和解释。

1.3　习题及解答

题 1.1　什么是图像?如何区分数字图像和模拟图像?

解答　"图"是物体透射或反射光的分布,是客观存在的。"像"是人的视觉系统对图在大脑中形成的印象或认识,是人的感觉。图像是图和像的有机结合,既反映物体的客观存在,又体现人的心理因素;图像是对客观存在的物体的一种相似性的生动模仿或描述,或者说图像是客观对象的一种可视表示,它包含了被描述对象的有关信息。

模拟图像是空间坐标和亮度(或色彩)都连续变化的图像;数字图像是空间坐标和亮度(或色彩)均不连续的、用离散数字(一般是整数)表示的图像。

题 1.2 一般的数字图像处理要经过几个步骤？由哪些内容组成？

解答 数字图像处理的基本步骤包括图像信息的获取、存储、处理、传输、输出和显示。

数字图像处理的内容主要包括图像数字化、图像变换、图像增强、图像恢复(复原)、图像压缩编码、图像分割、图像分析与描述和图像识别分类。

题 1.3 图像处理的目的是什么？针对每个目的请举出实际生活中的一个例子。

解答 图像处理就是对图像信息进行加工处理和分析,以满足人的视觉心理需要和实际应用或某种目的(如压缩编码或机器识别)的要求。如视频图像的高清晰化处理、医学图像的识别分类及其在疾病诊断中的应用,就是图像处理这两个目的的实际例子。

题 1.4 请说明图像数学表达式 $I = f(x, y, z, \lambda, t,)$ 中各参数的含义,该表达式代表哪几种不同种类的图像？

解答 图像数学表达式 $I = f(x, y, z, \lambda, t,)$ 中,(x, y, z) 是空间坐标,λ 是波长,t 是时间,I 是光点 (x, y, z) 的强度(幅度)。

该表达式表示一幅运动的(t)、彩色/多光谱的(λ)、立体(x, y, z)图像。

题 1.5 请说明 $f(x, y)$ 表示的图像类型及与 $f(x, y, z, \lambda, t)$ 之间的关系。

解答 $f(x, y, z, \lambda, t)$ 表示一幅运动的(t)、彩色/多光谱的(λ)、立体(x, y, z)图像。对于静止图像,与时间 t 无关;对于单色图像(也称灰度图像),波长 λ 为一常数;对于平面图像,与坐标 z 无关,故 $f(x, y)$ 表示平面上的静止灰度图像,它是一般图像 $f(x, y, z, \lambda, t)$ 的一个特例。

题 1.6 一个数字图像处理系统由哪几个模块组成？试说明各模块的作用。

解答 一个基本的数字图像处理系统由图像输入、图像存储、图像输出、图像通信、图像处理和分析 5 个模块组成,如图 1.1 所示。

各个模块的作用分别为以下几种。

图像输入模块:图像输入也称图像采集或图像数字化,它是利用图像采集设备(如数码照相机、数码摄像机等)来获取数字图像,或通过数字化设备(如图像扫描仪)将要处理的连续图像转换成适于计算机处理的数字图像。

图像存储模块:主要用来存储图像信息。

图像输出模块:将处理前后的图像显示出来或将处理结果永久保存。

图像通信模块:对图像信息进行传输或通信。

图像处理与分析模块:数字图像处理与分析模块包括处理算法、实现软件和数字计算机,以完成图像信息处理的所有功能。

题 1.7 数字图像处理主要应用到哪些方面？试举例说明。

解答 数字图像处理主要应用在如下 9 个方面。

(1)宇宙探测:星体图像处理。

（2）通信中：图像信息传输、电视电话、卫星通信、数字电话等。主要是压缩图像数据和动态图像（序列）传送。

（3）遥感方面：主要是航空遥感和卫星遥感，如地形、地质、资源的勘测，自然灾害监测、预报和调查，环境监测、调查等。

（4）生物医学领域：细胞分析、染色体分类、放射图像处理、血球分类、各种CT、核磁共振图像分析、DNA显示分析、显微图像处理、癌细胞识别、心脏活动的动态分析、超声图像成像、生物进化的图像分析等。

（5）工业生产中：将CAD和CAM技术应用于磨具和零件优化设计和制造、印制板质量和缺陷的检测、无损探伤、石油气勘测、交通管制和机场监控、纺织物的图案设计、光的弹性场分析、运动工具的视觉反馈控制、流水线零件的自动监测识别、邮件自动分拣和包裹的自动分拣识别等。

（6）军事和公安中。

军事：军事目标的侦察和探测、导弹制导、各种侦察图像的判读和识别，雷达、声呐图像处理、指挥自动化系统等。

公安：现场实景照片、指纹、足迹的分析与鉴别，人像、印章、手迹的识别与分析，集装箱内物品的核辐射成像检测，人随身携带物品的X射线检查等。

（7）天气预报：天气云图测绘、传输，卫星云图的处理和识别等。

（8）考古：珍贵文物图片、名画、壁画的辅助恢复等。

（9）新领域：信息安全、图像检索和体育运动中。

信息安全：信息隐藏与数字水印，指纹识别、虹膜识别和面部识别等。

图像检索：基于内容的图像检测、识别与检索。

体育运动：运动员动作的分析、评测及优化设计。

第 2 章　数字图像处理基础

2.1　学 习 要 点

2.1.1　三基色原理

人眼的视网膜上存在大量能在适当亮度下分辨颜色的锥状细胞,它们分别对应红、绿、蓝三种颜色,即分别对红光、绿光、蓝光敏感。据此,利用红、绿、蓝三种基色来表示自然界里的绝大多数颜色。

2.1.2　颜色的属性和表示方法

颜色有三种属性:色调(hue)、饱和度(saturation)和亮度(brightness)。色调由颜色所在光谱中的波长决定,是颜色在"质"方面的特征,用来表示颜色的种类。饱和度决定于颜色中混入白光的数量,表示颜色的深浅。颜色中混入的白光数量越多,其饱和度越高,颜色也越淡。亮度决定于颜色的光强度,是颜色在"量"方面的特征,用来表征颜色的明亮程度。

由于颜色具有不同的主观和客观特性,即使相同的颜色,在主观感觉(人眼视觉)及客观效果方面也不尽相同,而在不同的应用领域(如影视、光照、印染等)更是如此,因此人们提出了各种表示颜色的方法,称作颜色模型。目前使用最多的是面向机器(如显示器、摄像机、打印机等)的 RGB 模型和面向颜色处理(也面向人眼视觉)的 HSI(HSV)模型。但是在印染界及影视界分别使用 CMYK 和 YUV 模型。

2.1.3　人眼的亮度感觉及其应用

人眼的亮度感觉具有相对性,即人在观察处于不同亮度背景中的两个不同亮度的目标物时,会按对比度感觉目标物的亮度。

由人眼亮度感觉的相对性可知,若一幅原图像经过处理,恢复后得到重现图像,重现图像的亮度不必等于原图像的亮度,只要保证二者的对比度及亮度层次(灰度级)相同,就能给人以真实的感觉。这就为图像处理奠定了灵活的基础。

2.1.4　数字图像的表示

一般我们把原点坐标规定为 $(0,0)$,则该数字图像 $f(m,n)$ 可以以矩阵形式表示如下:

$$f(m,n) = \begin{bmatrix} f(0,0) & f(0,1) & \cdots & f(0,N-1) \\ f(1,0) & f(1,1) & \cdots & f(1,N-1) \\ \vdots & \vdots & & \vdots \\ f(M-1,0) & f(M-1,1) & \cdots & f(M-1,N-1) \end{bmatrix}$$

2.1.5　数字图像的特点

相比于语音等其他信号,图像具有信息量大、占用频带宽的特点,无论在成像、传输、存储、处理、显示等各环节的实现上,技术难度都加大,成本增高。尤其是图像通信中,有限的信道根本无法实时传输图像,这就对图像(频带)压缩提出了很高的要求。

数字图像还具有像素间相关性大,即在同一帧(幅)内各相邻像素间具有相同(或相近)灰度的可能性很大(即相关性很大),其相关系数一般大于0.8。而运动图像的相邻帧对应像素间相关性更大,其相关系数大于0.9。这些都说明数字图像中存在着大量的冗余,通过减少或消除这些冗余,进行图像压缩的潜力(可能性)很大。

数字图像还具有其视觉效果受人的主观影响大的特点。因为图像作为图(客观)和像(主观)的有机结合,对于同一幅图像,不同的人对图像中不同的目标物的感兴趣程度不同,会给出不同的视觉效果评价。因此,在数字图像处理中,一方面要充分考虑人的视觉特点,提高图像的清晰度;另一方面也要利用人的视觉特性,简化处理过程。

2.1.6　图像的分辨率

图像的分辨率表示的是能看到图像细节的多少,它包括图像的空间分辨率(采用点数 $N \times N$)和幅度分辨率(灰度离散级数,即灰度级 2^k)。

保持 k 不变而减少 N 会导致棋盘状效果(checkerboard effect,见《数字图像处理(第二版)》图 2.3.5)。保持 N 不变而减少 k 则会导致假轮廓(false contouring,见《数字图像处理(第二版)》图 2.3.6)。

2.2　难点和重点

2.2.1　图像采样及采样定理

图像在空间位置上的离散化称为图像采样。图像采样过程相当于用一个二维离散采样函数 $s(x,y)$ 与原连续图像 $f(x,y)$ 相乘,结果会使采样后的图像信号在位置上离散化,但其频谱等于原图像信号频谱的周期化延拓。要想从周期化延拓的频谱中恢复出原信号的频谱,必须保证原信号是有限带宽,这是采样定理的条件。同时,要保证周期化延拓后的频谱不混叠,即采样频率不低于信号最高频率的两倍,这是采样定理的基本内容。

因此,图像采样时也要满足采样定理,以保证能恢复出原图像信号。实际应用中,采样频率(采样点数)已远远超过了采样定理的要求,因此,有的教科书中可能没有明确说明图像采样时一定要满足采样定理。这不是说图像采样时可以不满足采样定理,而是已经满足或超过了采样定理的要求。

2.2.2 颜色模型在彩色图像处理中的应用

在计算机等机器中,彩色图像常用 RGB 模型表示,但如果直接对 R、G 和 B 分量图像分别进行处理,其处理过程中很可能会引起三个量不同程度的变化,从而很可能带来颜色上很大程度的扭曲(颜色种类的改变)。因此,通过先将 RGB 模型转化为 HSI 模型,得到相关性较小的色调、色饱和度和亮度,然后对其中的亮度分量进行处理,再转化为 RGB 模型,这样就可以避免由于直接对 RGB 分量进行处理时所产生的图像失真。

2.2.3 从点光源到图像处理算子

1) 基于点光源的算子的定义

算子可用它们的点扩散函数(point spread function)来定义。算子的点扩散函数就是把算子应用到点光源所得到的结果:

$$S(点光源) = 点扩散函数 \tag{2-1}$$

或者

$$S[\delta(x-\alpha, y-\beta)] = h(x, \alpha, y, \beta) \tag{2-2}$$

其中,$[\delta(x-\alpha, y-\beta)]$ 是中心在点 (α, β) 处且亮度值为 1 的点光源。

2) 基于算子的图像处理

如果一个算子是线性的,当点光源的亮度值是原来的 a 倍,那么结果也将是原来的 a 倍:

$$S[a\delta(x-\alpha, y-\beta)] = a h(x, \alpha, y, \beta) \tag{2-3}$$

图像可看作具有自身亮度值的点光源(像素点)的集合,也可以说图像是这些点光源的总和。那么用点扩散函数 $h(x, \alpha, y, \beta)$ 来刻画的算子对图像 $f(x, y)$ 作用的效果可以写为:

$$g(\alpha, \beta) = \sum_{x=0}^{N-1} \sum_{y=0}^{N-1} f(x, y) h(x, \alpha, y, \beta) \tag{2-4}$$

其中,$g(\alpha, \beta)$ 是输出"图像",$f(x, y)$ 是输入图像,并且大小为 $N \times N$。

3) 点扩散函数

点扩散函数 $h(x, \alpha, y, \beta)$ 表示位置 (x, y) 的输入值对位置 (α, β) 的输出值影响的大小。如果这种用点扩散函数表示的影响与实际位置不相关,而是仅依赖于影

响和被影响像素之间的相对位置,就有移不变(shift invariant)的点扩散函数:

$$h(x,\alpha,y,\beta)=h(\alpha-x,\beta-y) \tag{2-5}$$

这时,式(2-4)就是卷积:

$$g(\alpha,\beta)=\sum_{x=0}^{N-1}\sum_{y=0}^{N-1}f(x,y)h(\alpha-x,\beta-y) \tag{2-6}$$

如果被影响的列与图像的行是独立的,那么点扩散函数就是可分离的(separable):

$$h(x,\alpha,y,\beta)\equiv hc(x,\alpha)hr(y,\beta) \tag{2-7}$$

上述表达式也作为函数 $h_c(x,\alpha)$ 和 $h_r(y,\beta)$ 的定义。这时,式(2-4)可以被写成两个一维变换的叠加:

$$g(\alpha,\beta)=\sum_{x=0}^{N-1}h_c(x,\alpha)\sum_{y=0}^{N-1}f(x,y)h_r(y,\beta) \tag{2-8}$$

如果点扩散函数既是位移不变的且是可分离的,那么式(2-4)可以被写成两个一维卷积的叠加:

$$g(\alpha,\beta)=\sum_{x=0}^{N-1}h_c(\alpha-x)\sum_{y=0}^{N-1}f(x,y)h_r(\beta-y) \tag{2-9}$$

2.3 典型例题

例 2.1 对于图像中的如下区域:(A)纹理区域(有许多重复单元的区域);(B)灰度平滑区域;(C)目标边界区域;(D)灰度渐变区域。当图像的空间分辨率变化时,影响最大的是哪种? 当图像的幅度分辨率变化时,结果又如何?

解答 当图像的空间分辨率变化时,影响最大的是(A);当图像的幅度分辨率变化时,影响最大的是(B)和(D)。

例 2.2 当图像的灰度级数逐渐减少时,会出现什么结果?

解答 当图像的灰度级数逐渐减少时,图像平滑区域内渐变的灰度会出现突变,直到图像的灰度级数不够多时,会出现虚假轮廓。

2.4 习题及解答

题 2.1 试说明视觉成像的基本原理。

解答 人眼对物体颜色的感知是由物体投射或反射的光的特性决定的。当眼前出现物体时,从物体表面反射出来的光线,通过折光系统透射投影到视网膜的相应部位,此时形成该物体的倒置的影像,视网膜的感光细胞可接收光的能量并形成视觉图案(锥状细胞主要感受颜色,杆状细胞主要提供视野范围),将影像传入到大脑皮层的视觉功能代表区,经过大脑皮层的分析和综合,把倒置的影像纠正为物体的正立影像,产生正确的视觉。

题 2.2 为何彩色图像要经过 RGB 到 HSI 的模型转换才能处理?

解答 如果直接对 RGB 模型中的 R、G、B 分量进行处理,很可能会引起三个量不同程度的变化,由 RGB 模型描述的处理图像中就会出现色差问题,颜色上可能也会有很大程度的失真。因此,人们在此基础上提出了 HSI 模型,它的出现使得在保持色彩无失真的情况下实现彩色图像处理成为可能。

通过先将 RGB 模型转化为 HSI 模型,得到相关性较小的色调、色饱和度和亮度,然后仅对其中的亮度分量进行处理,再转化为 RGB,这样就可以避免由于直接对 R、G、B 分量进行处理时而产生的图像失真。

题 2.3 请解释马赫带效应。

解答 对于由一系列条带组成的灰度图像,其中每个条带内的亮度是均匀分布的,而相邻两条带的亮度相差一个固定值,但人的感觉认为每个条带内的亮度不是均匀分布的,而是感觉到所有条带的左边部分都比右边亮一些,这便是所谓的马赫带效应。

马赫带效应的出现,是因为人眼对于图像中不同空间频率具有不同的感知灵敏度,而在空间频率突变处就出现了"欠调"或"过调"。

题 2.4 发光强度、亮度和照度各有什么不同?

解答 发光强度指光源的能量辐射强度。光度学亮度指扩展光源在某个方向上单位投影面积的发光强度。主观亮度指观察者所看到的物体表面反射光的度量,它受观察者心理因素的影响。照度指光源照射到物体表面的光通量,它是光源对物体辐射的一种量度,其数值主要是受到光源的能量和光源到物体表面距离的影响。

题 2.5 什么是视觉模型?它在图像处理中有何用途?

解答 为了对人眼的机理和成像过程进行定性描述和分析,人们试图用线性光学成像系统的原理来解释某些视觉特性,而建立的视觉特性描述模型就称为视觉模型。目前常用的视觉模型是视觉系统的低通-对数-高通模型,大多数视觉现象都可以用其来解释。

在图像处理中,一方面要充分考虑视觉模型,采用适合人眼视觉特性的处理方法,以获得更清晰的处理图像;另一方面,也要充分利用视觉模型,达到简化运算、加速处理的目的。

题 2.6 人观察如题 2.6 图所示两幅形状相同的目标图像时,会觉得哪一个目标更亮一些?与实际亮度有无不同?简述理由[黑色(最暗)灰度值定为 0,白色(最亮)灰度值定为 255]。

解答 两个不同亮度的目标物处于不同亮度的背景中,人会按对比度感觉目标物的亮度对比,因此人感觉题 2.6(a)图要亮一些,但事实上,目标图 2.6(b)的实

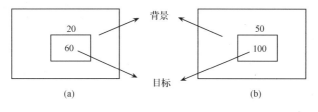

题 2.6 图

际亮度要高于图 2.6(a)的实际亮度。

题 2.7 在串行通信中,常用波特率描述传输的速率,它被定义为每秒传输的数据比特数。串行通信中,数据传输的单位是帧,也称字符。假如一帧数据由一个起始比特位、8 个信息比特位和一个结束比特位构成。根据以上概念,请问:

(1) 如果要利用一个波特率为 56kbit/s(1k=1000)的信道来传输一幅大小为 1024×1024、256 级灰度的数字图像需要多长时间?

(2) 如果是用波特率为 750kbit/s 的信道来传输上述图像,所需时间又是多少?

(3) 如果要传输的图像是 512×512 的真彩色图像(颜色数目是 32bit),则分别在上面两种信道下传输,各需要多长时间?

解答 (1) 传输的比特数为 1024×1024×8×(1+8+1)/8=10485760,则在波特率为 56kbit/s 的信道上传输时,所需时间为 10485760/56000=187.25(s)。

(2) 传输的比特数为 1024×1024×8×(1+8+1)/8=10485760,则在波特率为 750kbit/s 的信道上传输时,所需时间为 10485760/750000=13.98(s)。

(3) 传输的比特数为 512×512×32×(1+8+1)/8=10485760。在波特率为 56kbit/s 的信道上传输时,所需时间为 10485760/56000=187.25(s);在波特率为 750kbit/s 的信道上传输时,所需时间为 10485760/750000=13.98(s)。

题 2.8 请简述二维采样定理的条件、内容及用途。

解答 (1) 二维采样定理的条件:二维连续函数 $f(x,y)$ 是一个有限带宽函数。

(2) 二维采样定理的内容:对于有限带宽($|u| \leqslant u_c$ 且 $|v| \leqslant v_c$)的信号 $f(x,y)$ 进行采样,当采样频率满足 $\begin{cases} |u_s| \geqslant 2u_c \\ |v_s| \geqslant 2v_c \end{cases}$ 时,采样函数 $f(m,n)$ 可以无失真地恢复出原来的连续信号 $f(x,y)$。

(3) 二维采样定理的用途:将有限带宽的二维连续函数 $f(x,y)$ 变成位置上离散的采样函数 $f(m,n)$,而采样函数 $f(m,n)$ 可以无失真地恢复出原来的连续信号 $f(x,y)$。

题 2.9 采样时何时会产生频谱混叠？如何避免频谱混叠的发生？

解答 图像在空间位置上的离散化称为图像采样。图像采样的过程相当于用一个二维离散采样函数 $s(x,y)$ 与原连续图像 $f(x,y)$ 相乘，结果会使采样后的图像信号在位置上离散化，但其频谱等于原图像信号频谱的周期化延拓。要想从周期化延拓的频谱中恢复出原信号的频谱，必须保证原信号是有限带宽，这是采样定理的条件。同时，如果采样频率过低，采样后周期化延拓的频谱就会出现混叠，出现混叠后，就不可能恢复出原信号。要保证周期化延拓后的频谱不混叠，就要保证采样频率不低于信号最高频率的两倍，这也是采样定理的基本内容。

题 2.10 （1）存储一幅 1024×768, 256 个灰度级的图像需要多少 bit？

（2）一幅 512×512 的 32bit 真彩图像的容量为多少 bit？

解答 （1）一幅 1024×768, 256 个灰度级的图像的容量为
$$b = 1024 \times 768 \times 8 = 6291456 \text{(bit)}$$

（2）一幅 512×512 的 32 位真彩图像的容量为
$$b = 512 \times 512 \times 32 = 8388608 \text{(bit)}$$

题 2.11 某一线性移不变系统，其点扩展函数 $h(x,y)$ 是输入为 $\delta(x)\delta(y)$ 时系统的输出，求下述情况下的调制转移函数 $H(u,v)$。

（1）$h(x,y) = \delta(x-x_0)\delta(y-y_0)$

（2）$h(x,y) = \begin{cases} E, & |x| \leqslant a \text{ 和 } |y| \leqslant b \\ 0, & \text{其他} \end{cases}$

（3）$h(x,y) = \begin{cases} E, & (x,y) \in R \\ 0, & \text{其他} \end{cases}$

其中 R 如题 2.11 图所示。

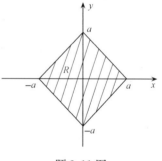

题 2.11 图

解答 （1）$H(u,v) = \int_{-\infty}^{+\infty}\int_{-\infty}^{+\infty} h(x,y)\mathrm{e}^{-\mathrm{j}ux}\mathrm{e}^{-\mathrm{j}vy}\mathrm{d}x\mathrm{d}y$

$\qquad = \int_{-\infty}^{+\infty}\int_{-\infty}^{+\infty} \delta(x-x_0)\delta(y-y_0)\mathrm{e}^{-\mathrm{j}ux}\mathrm{e}^{-\mathrm{j}vy}\mathrm{d}x\mathrm{d}y$

$\qquad = \int_{-\infty}^{+\infty} \delta(x-x_0)\mathrm{e}^{-\mathrm{j}ux}\mathrm{d}x\int_{-\infty}^{+\infty} \delta(y-y_0)\mathrm{e}^{-\mathrm{j}vy}\mathrm{d}y = \mathrm{e}^{-\mathrm{j}ux_0}\mathrm{e}^{-\mathrm{j}vy_0}$

（2）$H(u,v) = \int_{-a}^{+a}\int_{-b}^{+b} h(x,y)\mathrm{e}^{-\mathrm{j}ux}\mathrm{e}^{-\mathrm{j}vy}\mathrm{d}x\mathrm{d}y$

$\qquad = E\int_{-a}^{+a}\mathrm{e}^{-\mathrm{j}ux}\mathrm{d}x\int_{-b}^{+b}\mathrm{e}^{-\mathrm{j}vy}\mathrm{d}y$

$\qquad = E\frac{\mathrm{e}^{-\mathrm{j}ua}-\mathrm{e}^{\mathrm{j}ua}}{-\mathrm{j}u}\frac{\mathrm{e}^{-\mathrm{j}vb}-\mathrm{e}^{\mathrm{j}vb}}{-\mathrm{j}v}$

$\qquad = 4E\frac{\sin ua \sin vb}{uv}$

(3) $H(u,v) = \displaystyle\int_{-\infty}^{+\infty}\int_{-\infty}^{+\infty} h(x,y)\,\mathrm{e}^{-\mathrm{j}ux}\,\mathrm{e}^{-\mathrm{j}vy}\,\mathrm{d}x\mathrm{d}y$

$$= \int_{-a}^{0}\mathrm{d}x\int_{-x-a}^{x+a} E\,\mathrm{e}^{-\mathrm{j}ux}\,\mathrm{e}^{-\mathrm{j}vy}\,\mathrm{d}y + \int_{0}^{a}\mathrm{d}x\int_{x-a}^{-x+a} E\,\mathrm{e}^{-\mathrm{j}ux}\,\mathrm{e}^{-\mathrm{j}vy}\,\mathrm{d}y$$

$$= E\int_{-a}^{0}\mathrm{e}^{-\mathrm{j}ux}\,\frac{2\sin v(x+a)}{v}\,\mathrm{d}x + E\int_{0}^{a}\mathrm{e}^{-\mathrm{j}ux}\,\frac{2\sin v(-x+a)}{v}\,\mathrm{d}x$$

$$= E\int_{-a}^{0}\mathrm{e}^{-\mathrm{j}ux}\,\frac{2\sin v(x+a)}{v}\,\mathrm{d}x - E\int_{-a}^{0}\mathrm{e}^{\mathrm{j}ux}\,\frac{2\sin v(x+a)}{v}\,\mathrm{d}x$$

$$= \frac{2E}{v}\left[\int_{-a}^{0}(\mathrm{e}^{-\mathrm{j}ux}-\mathrm{e}^{\mathrm{j}ux})\sin v(x+a)\,\mathrm{d}x\right]$$

$$= \frac{-\mathrm{j}4E}{v}\left[\int_{-a}^{0}\sin ux\,\sin v(x+a)\,\mathrm{d}x\right]$$

$$= \frac{\mathrm{j}4E(u\sin va - v\sin ua)}{v(u^2-v^2)}$$

第3章 图 像 变 换

3.1 学 习 要 点

3.1.1 图像的几何变换

图像几何变换就是建立一幅图像与其变换后的图像中所有各点之间映射关系的函数,其基本表示式为

$$[u,v] = [X(x,y),Y(x,y)] \tag{3-1}$$

图像几何变换的实质就是改变像素的空间位置,并估算新空间位置上的像素灰度取值。通常原始(输入)图像的位置坐标 (x,y) 为整数,经变换后(输出)图像的位置坐标为非整数,即产生"空穴",反之亦然。因此进行图像的几何变换时,除了要进行其本身的几何变换外,还要进行灰度插值处理。

3.1.2 几种常见的几何变换

(1) 平移变换

$$\begin{bmatrix} u \\ v \end{bmatrix} = \begin{bmatrix} x \\ y \end{bmatrix} + \begin{bmatrix} x_0 \\ y_0 \end{bmatrix} \tag{3-2}$$

(2) 比例缩放

$$\begin{bmatrix} u \\ v \end{bmatrix} = \begin{bmatrix} s_x & 0 \\ 0 & s_y \end{bmatrix} \begin{bmatrix} x \\ y \end{bmatrix} \tag{3-3}$$

(3) 旋转变换

$$\begin{bmatrix} u \\ v \end{bmatrix} = \begin{bmatrix} \cos\theta & -\sin\theta \\ \sin\theta & \cos\theta \end{bmatrix} \begin{bmatrix} x \\ y \end{bmatrix} \tag{3-4}$$

(4) 仿射变换

$$\begin{bmatrix} u \\ v \end{bmatrix} = \begin{bmatrix} a_2 & a_1 & a_0 \\ b_2 & b_1 & b_0 \end{bmatrix} \begin{bmatrix} x \\ y \\ 1 \end{bmatrix} \tag{3-5}$$

仿射变换能够实现图像的平移、旋转、缩放等,它的乘积和逆变换仍是仿射变换。它有 6 个自由度,能够保证小于四边的多边形映射为同等边数的图形。

（5）透视变换

$$
\begin{bmatrix} u' \\ v' \\ w' \end{bmatrix} = \begin{bmatrix} a_{11} & a_{12} & a_{13} \\ a_{21} & a_{22} & a_{23} \\ a_{31} & a_{32} & a_{33} \end{bmatrix} \begin{bmatrix} x \\ y \\ 1 \end{bmatrix} \tag{3-6}
$$

透视变换的向前映射函数可以表示为

$$
\begin{cases} u = \dfrac{u'}{w'} = \dfrac{a_{11}x + a_{12}y + a_{13}}{a_{31}x + a_{32}y + a_{33}} \\[2mm] v = \dfrac{v'}{w'} = \dfrac{a_{21}x + a_{22}y + a_{23}}{a_{31}x + a_{32}y + a_{33}} \end{cases} \tag{3-7}
$$

式中，$a_{31} \neq 0$；$a_{32} \neq 0$。

与仿射变换类似，透视变换也是一种平面映射，并且其变换和逆变换都是单值的，可以保证任意方向上的直线经过透视变换后仍然保持直线。由于透视变换具有 9 个自由度，可以实现平面四边形到四边形的映射。

3.1.3 灰度插值

灰度插值处理可采用两种方法。一种方法是把几何变换想象成将输入图像的各像素灰度值依次转移到输出图像中。如果一个输入像素被映射到 4 个输出像素之间的位置，则其灰度值就按插值算法在 4 个输出像素之间进行分配。这种灰度级插值处理称为像素移交（pixel carry-over）或称向前映射法，如图 3.1 所示。另一种方法是像素填充（pixel filling）或称向后映射算法，如图 3.2 所示。在像素填充法中，变换后（输出）图像的像素通常被映射到原始（输入）图像中的非整数位置，即位于 4 个输入像素之间。因此，为了决定该位置的灰度值，必须进行插值运算。最常用的方法是最近邻插值法和双线性插值法。

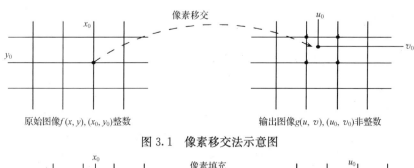

图 3.1　像素移交法示意图

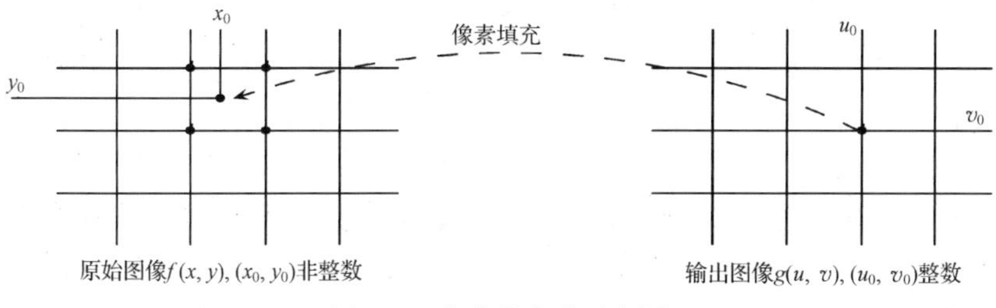

图 3.2　像素填充法示意图

主教材中图 3.1.3 给出的双线性插值法示意图,是把原始图像的 4 个像素变换到坐标原点。不失一般性,这里给出图像中任意 4 个像素 (x,y)、$(x,y+1)$、$(x+1,y)$ 和 $(x+1,y+1)$ 的双线性插值方法,如图 3.3 所示。

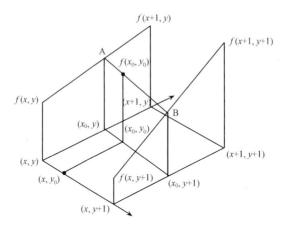

图 3.3　双线性插值法示意图

令 $f(x_0,y_0)$ 表示插值点 (x_0,y_0) 坐标处的像素灰度值,根据四点 (x,y)、$(x,y+1)$、$(x+1,y)$ 和 $(x+1,y+1)$ 来进行双线性插值。首先对 (x,y) 和 $(x+1,y)$ 两点进行线性插值得到 (x_0,y) 点的像素灰度插值为

$$f(x_0,y) = f(x,y) + (x_0 - x)\big[f(x+1,y) - f(x,y)\big]$$

对 $(x,y+1)$,$(x+1,y+1)$ 两点进行线性插值,得到 $(x_0,y+1)$ 点的像素灰度插值为

$$f(x_0,y+1) = f(x,y+1) + (x_0 - x)\big[f(x+1,y+1) - f(x,y+1)\big]$$

然后进行水平方向的线性插值,就可得到插值点 (x_0,y_0) 的灰度值为

$$f(x_0,y_0) = f(x_0,y) + (y_0 - y)\big[f(x_0,y+1) - f(x_0,y)\big]$$

以上是灰度的双线性插值法的通用公式和求解过程。它具有低通滤波特性,能使高频信息受损,图像边缘、轮廓模糊。

3.1.4　2-D 离散傅里叶变换的主要性质

2-D 离散傅里叶变换(2-D DFT)具有许多重要的性质,主要包括变换核的可分离性、线性性、周期性、共轭对称性、旋转不变性、平移性、比例特性等。这些性质为实际运算提供了极大的方便。例如,根据变换核的可分离性,二维离散傅里叶变换可以通过两次一维离散傅里叶变换来实现;根据周期性,只需一个周期就可以将整个变换完全确定;根据共轭对称性,只需半个周期的变换就可获得整个频谱。

其中,变换核的可分离性即可分离变换,意味着算子 S(其点扩散函数 $h(x,\alpha, y,\beta)$ 是可分离的)对图像矩阵 f 的行操作与对它的列操作是独立的。这些独立的算子分别用两个矩阵 h_r 和 h_c 来表示。

基于对图像做操作的算子是线性的和可分离的假设,变换可以用下式的形式来表示:

$$g = h_c^T f h_r \tag{3-8}$$

其中 f 和 g 分别是输入图像和输出图像,而 h_c 和 h_r 分别表示列算子和行算子的点扩散函数的矩阵。

3.1.5 图像的离散余弦变换

根据实的偶函数的离散傅里叶变换仅仅包含余弦项(实部)的特性,可将实图像构造成实的偶函数,再求其离散傅里叶变换而构成所谓的离散余弦变换(DCT)。它是实的正交变换,其变换核可分离且具有对称性,可以通过傅里叶变换的实部求得,所以具有快速算法。DCT 变换具有良好的信息压缩能力,因而在图像的压缩编码等领域有广泛的应用。

3.1.6 离散沃尔什-哈达玛变换

与以三角函数项为基础的傅里叶变换不同,离散沃尔什-哈达玛变换是由取值为 +1 或 -1 的基本级数展开式构成,正、反变换形式相同。无论是沃尔什变换还是哈达玛变换,它们的正反变换核都是可分离的和对称的,行(列)正交。哈达玛变换的变换核具有递推性,而沃尔什变换的变换核可由哈达玛变换的变换核间接得到。

3.1.7 离散 K-L 变换

离散 K-L 变换是以变换矢量的统计特征为基础的,其突出优点是去相关性好,主要用于数据压缩和图像旋转中。

其主要性质有以下几点。

(1) 变换后图像 Y 的均值向量 m_y 为 0。

(2) Y 向量的协方差矩阵为 $C_y = A C_f A^T$。

(3) 协方差矩阵 C_y 为对角矩阵,对角线上的元素等于 C_f 的特征值(C_f 为原向量的协方差矩阵)。

K-L 变换的基函数是不可分离的,需要进行非常复杂的矩阵乘法运算。另外,由于 K-L 变换是一种线性变换,它的基函数是通过图像的统计特性得到的。因此,该变换是自适应的,它依赖于输入的图像,不存在类似于 FFT 的快速算法。这些缺点限制了 K-L 变换的应用。

3.2 难点和重点

本章介绍的图像的离散傅里叶变换、离散余弦变换和离散沃尔什-哈达玛变换都是正交变换,也是可分离变换。正交变换在变换前后,能量守恒的同时,具有能量集中的作用,可用于图像压缩编码中。可分离变换可实现多维变换的降维处理,即多维变换用一维变换来实现,以大大减少运算量,这也适应了图像信息量大的特点。而 K-L 变换虽属于正交变换,但其变换是不可分离的,需要进行非常复杂的矩阵乘法运算,这就限制它的广泛应用。

3.3 典型例题

例 3.1 对于图像的离散余弦变换和 K-L 变换,以下说法哪些是正确的?

(A) 正交变换;

(B) 变换核可分离;

(C) 有快速算法;

(D) 基于图像统计特性的变换;

(E) 在均方意义下最优;

(F) 可以用来旋转图像;

(G) 可以用来压缩图像;

(H) 可以去除图像中像素间的相关性。

解答 根据图像的离散余弦变换和 K-L 变换的原理和特性,对于图像的离散余弦变换,正确的说法是(A)、(B)、(C)、(G)、(H);对于图像的 K-L 变换,正确的说法是(A)、(D)、(E)、(F)、(G)、(H)。

例 3.2 设有一组矢量 $x_1 = \begin{bmatrix} 0 & 1 & 1 \end{bmatrix}^T$,$x_2 = \begin{bmatrix} 1 & 0 & 1 \end{bmatrix}^T$,$x_3 = \begin{bmatrix} 1 & 1 & 0 \end{bmatrix}^T$,$x_4 = \begin{bmatrix} 1 & 1 & 1 \end{bmatrix}^T$,求其协方差矩阵 C_x。

解答 根据式 $m_x = \dfrac{1}{M} \sum\limits_{k=1}^{M} x_k$ 得

$$m_x = \frac{1}{4} \left\{ \begin{bmatrix} 0 \\ 1 \\ 1 \end{bmatrix} + \begin{bmatrix} 1 \\ 0 \\ 1 \end{bmatrix} + \begin{bmatrix} 1 \\ 1 \\ 0 \end{bmatrix} + \begin{bmatrix} 1 \\ 1 \\ 1 \end{bmatrix} \right\} = \frac{3}{4} \begin{bmatrix} 1 \\ 1 \\ 1 \end{bmatrix}$$

由 $C_x = \dfrac{1}{M} \sum\limits_{k=1}^{M} x_k x_k^T - m_x m_x^T$ 得

$$C_x = \frac{1}{4} \begin{bmatrix} 0 \\ 1 \\ 1 \end{bmatrix} \begin{bmatrix} 0 & 1 & 1 \end{bmatrix} + \frac{1}{4} \begin{bmatrix} 1 \\ 0 \\ 1 \end{bmatrix} \begin{bmatrix} 1 & 0 & 1 \end{bmatrix} + \frac{1}{4} \begin{bmatrix} 1 \\ 1 \\ 0 \end{bmatrix} \begin{bmatrix} 1 & 1 & 0 \end{bmatrix}$$

$$+ \frac{1}{4} \begin{bmatrix} 1 \\ 1 \\ 1 \end{bmatrix} \begin{bmatrix} 1 & 1 & 1 \end{bmatrix} - \frac{3}{4} \begin{bmatrix} 1 \\ 1 \\ 1 \end{bmatrix} \frac{3}{4} \begin{bmatrix} 1 & 1 & 1 \end{bmatrix}$$

$$= \frac{1}{4} \begin{bmatrix} 3 & 2 & 2 \\ 2 & 3 & 2 \\ 2 & 2 & 3 \end{bmatrix} - \frac{9}{16} \begin{bmatrix} 1 & 1 & 1 \\ 1 & 1 & 1 \\ 1 & 1 & 1 \end{bmatrix} = \frac{1}{16} \begin{bmatrix} 3 & -1 & -1 \\ -1 & 3 & -1 \\ -1 & -1 & 3 \end{bmatrix}$$

例 3.3 有一组矢量 $x_1 = \begin{bmatrix} 0 & 0 & 1 \end{bmatrix}^T, x_2 = \begin{bmatrix} 0 & 1 & 1 \end{bmatrix}^T, x_3 = \begin{bmatrix} 1 & 1 & 1 \end{bmatrix}^T$, 求其 K-L 变换矩阵 A。

解答 根据公式 $m_x = \dfrac{1}{3} \sum\limits_{i=1}^{3} x_i$, 可得均值矢量

$$m_x = \frac{1}{3} \left\{ \begin{bmatrix} 0 \\ 0 \\ 1 \end{bmatrix} + \begin{bmatrix} 0 \\ 1 \\ 1 \end{bmatrix} + \begin{bmatrix} 1 \\ 1 \\ 1 \end{bmatrix} \right\} = \frac{1}{3} \begin{bmatrix} 1 \\ 2 \\ 3 \end{bmatrix}$$

根据公式

$$C_x = \frac{1}{L} \sum_{i=1}^{L} (x_i - m_x)(x_i - m_x)^T = \frac{1}{L} \left[\sum_{i=1}^{L} x_i x_i^T \right] - m_x m_x^T$$

可得协方差矩阵为

$$C_x = \frac{1}{9} \begin{bmatrix} 2 & 1 & 0 \\ 1 & 2 & 0 \\ 0 & 0 & 0 \end{bmatrix}$$

由公式 $|C_x - \lambda_i I| = 0$, 即

$$\begin{vmatrix} \dfrac{2}{9} - \lambda & \dfrac{1}{9} & 0 \\ \dfrac{1}{9} & \dfrac{2}{9} - \lambda & 0 \\ 0 & 0 & -\lambda \end{vmatrix} = 0$$

解得 3 个特征值

$$\lambda_1 = \frac{1}{3}, \quad \lambda_2 = \frac{1}{9}, \quad \lambda_3 = 0$$

再由 $C_x b_i = \lambda_i I b_i$, 可得

$$\frac{1}{9} \begin{bmatrix} 2 & 1 & 0 \\ 1 & 2 & 0 \\ 0 & 0 & 0 \end{bmatrix} \begin{bmatrix} b_{i1} \\ b_{i2} \\ b_{i3} \end{bmatrix} = \begin{bmatrix} \lambda_i & 0 & 0 \\ 0 & \lambda_i & 0 \\ 0 & 0 & \lambda_i \end{bmatrix} \begin{bmatrix} b_{i1} \\ b_{i2} \\ b_{i3} \end{bmatrix}$$

当 $i = 1$ 时, $\lambda_1 = \dfrac{1}{3}$,

$$\begin{cases} 2b_{11} + b_{12} + 0 = 9 \times \dfrac{1}{3} b_{11} \\ b_{11} + 2b_{12} + 0 = 9 \times \dfrac{1}{3} b_{12} \\ 0 = 9 \times \dfrac{1}{3} b_{13} \end{cases}$$

解得

$$b_1^T = \begin{bmatrix} b_{11} & b_{12} & b_{13} \end{bmatrix} = \begin{bmatrix} 1 & 1 & 0 \end{bmatrix}$$

同理,当 $i=2$ 时,$\lambda_2 = \dfrac{1}{9}$,

$$\begin{cases} 2b_{21} + b_{22} + 0 = 9 \times \dfrac{1}{9} b_{21} \\ b_{21} + 2b_{22} + 0 = 9 \times \dfrac{1}{9} b_{22} \\ 0 = 9 \times \dfrac{1}{9} b_{23} \end{cases}$$

解得

$$\boldsymbol{b}_2^{\mathrm{T}} = \begin{bmatrix} b_{21} & b_{22} & b_{23} \end{bmatrix} = \begin{bmatrix} 1 & -1 & 0 \end{bmatrix}$$

当 $i=3$ 时,$\lambda_3 = 0$,

$$\begin{cases} 2b_{31} + b_{32} + 0 = 9 \times 0 \times b_{31} \\ b_{31} + 2b_{32} + 0 = 9 \times 0 \times b_{32} \\ 0 = 9 \times 0 \times b_{33} \end{cases}$$

考虑到向量间的正交性,解得

$$\boldsymbol{b}_3^{\mathrm{T}} = \begin{bmatrix} b_{31} & b_{32} & b_{33} \end{bmatrix} = \begin{bmatrix} 0 & 0 & 1 \end{bmatrix}$$

由此,变换 $\boldsymbol{B}$ 矩阵为

$$\boldsymbol{B} = \begin{bmatrix} \boldsymbol{b}_1^{\mathrm{T}} \\ \boldsymbol{b}_2^{\mathrm{T}} \\ \boldsymbol{b}_3^{\mathrm{T}} \end{bmatrix} = \begin{bmatrix} 1 & 1 & 0 \\ 1 & -1 & 0 \\ 0 & 0 & 1 \end{bmatrix}$$

归一化后,可得 K-L 变换矩阵

$$\boldsymbol{A} = \begin{bmatrix} \dfrac{1}{\sqrt{2}} & \dfrac{1}{\sqrt{2}} & 0 \\ \dfrac{1}{\sqrt{2}} & -\dfrac{1}{\sqrt{2}} & 0 \\ 0 & 0 & 1 \end{bmatrix}$$

例 3.4 证明 $f(x)$ 的自相关函数的傅里叶变换就是 $f(x)$ 的功率谱(谱密度) $|F(u)|^2$。

证明 若 $f(x)$ 和 $F(u)$ 构成傅里叶变换对,即

$$f(x) \Leftrightarrow F(u)$$

则根据相关定理

$$f(x) \circ f(x) \Leftrightarrow F^*(u)F(u)$$

另,根据共轭定义

$$F^*(u)F(u) = |F(u)F(u)|$$

又根据共轭对称性

$$|F(u)|^2 = |F(u)| \times |F(u)|$$

即可证明 $f(x)$ 的自相关函数的傅里叶变换就是 $f(x)$ 的功率谱(谱密度) $|F(u)|^2$。

例 3.5 试证明离散傅里叶变换的旋转不变性。

证明 $f(m,n)$ 的离散傅立叶变换(令 $M=N$)为:

$$F(u,v) = \frac{1}{N}\sum_{m=0}^{N-1}\sum_{n=0}^{N-1} f(m,n) \mathrm{e}^{-2\pi j\frac{mu+nv}{N}}$$

若用极坐标表示,令 $m=r\cos\theta, n=r\sin\theta, u=\omega\cos\phi, v=\omega\sin\phi$,有 $mu+nv=r\omega$ $(\cos\theta\cos\phi+\sin\theta\sin\phi)=r\omega\cos(\theta-\phi)$。则 $F(u,v)$ 表达式变为:

$$F(\omega,\phi) = \frac{1}{N}\sum\sum f(r,\theta) \mathrm{e}^{-2\pi j\frac{r\omega\cos(\theta-\phi)}{N}}$$

假如 $f(r,\theta)$ 旋转一个角度 θ_0,变成 $f(r,\theta+\theta_0)$,则其离散傅里叶变换为

$$F'(\omega,\phi) = \frac{1}{N}\sum\sum f(r,\theta+\theta_0) \mathrm{e}^{-2\pi j\frac{r\omega\cos(\theta-\phi)}{N}}$$

令 $\theta'=\theta+\theta_0$,则上式变为

$$F'(\omega,\phi) = \frac{1}{N}\sum\sum f(r,\theta') \mathrm{e}^{-2\pi j\frac{r\omega\cos[\theta'-(\phi+\theta_0)]}{N}}$$

从上式可看出

$$F'(\omega,\phi)=F(\omega,\phi+\theta_0)$$

即旋转了 θ_0 的图像的 DFT 等于原图像的 DFT 旋转 θ_0,也就是若 $f(r,\theta)\Leftrightarrow F(\omega,\phi)$,则 $f(r,\theta+\theta_0)\Leftrightarrow F(\omega,\phi+\theta_0)$。

这就是离散傅立叶变换的旋转不变性。

例 3.6 求下列图像的 2-D 傅里叶变换。

(1) 矩形图像[图 3.4(a)]:

$$f(x,y) = \begin{cases} E, & |x|<a, |y|<b \\ 0, & \text{其他} \end{cases}$$

(2) 顺时针旋转 45°后的矩形图像[图 3.4(b)]。

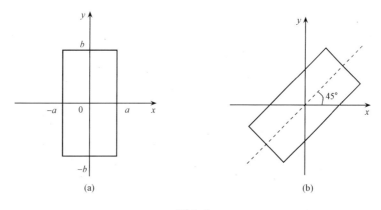

(a)   (b)

图 3.4

解答 (1) 由 2-D 傅里叶变换的定义可得

$$F(u,v) = \frac{1}{4ab} \sum_{x=-a}^{+a} \sum_{y=-b}^{+b} e^{-j2\pi(ux+vy)/4ab}$$

（2）由傅里叶变换的旋转不变性，令

$$\begin{cases} x = r\cos45° \\ y = r\sin45° \end{cases}$$

即

$$F(u,v) = \frac{1}{2ab} \sum_{x=-a\cos45°}^{+a\cos45°} \sum_{y=-b\sin45°}^{+b\sin45°} e^{-j2\pi(ux+vy)/2ab}$$

3.4 示 例 程 序

例 3.7 产生亮块图像 $f_1(x,y)$（128×128，暗处灰度值为 0，亮处灰度值为 255），对其进行离散傅里叶变换，同屏显示原图像及其频谱图。

解答 Matlab 源程序如下：

```
%    产生亮块图像 f1(x,y)
f1 = zeros(128,128);
for x = 24:104
    for y = 48:80
        f1(x,y) = 255;
    end
end
figure(1);
subplot(1,2,1);
imshow(f1);
xlabel('(a)亮块图像 f1(x,y)');
axis on;

%    f1(x,y)的傅里叶变换
FFT_f1 = fft2(f1);

%    求 f1(x,y)的频谱
FFT_f1 = abs(FFT_f1);
tmax = FFT_f1(1,1);
tmin = FFT_f1(1,1);
for x = 1:128
    for y = 1:128
```

```
            if tmax < FFT_f1(x,y)
                tmax = FFT_f1(x,y);
            end
            if tmin > FFT_f1(x,y)
                tmin = FFT_f1(x,y);
            end
        end
end

delta = tmax − tmin;
for x = 1:128
    for y = 1:128
        FFT_f1(x,y) = 255 ∗ (FFT_f1(x,y) − tmin)/delta;
    end
end
subplot(1,2,2);
imshow(FFT_f1);
xlabel('(b) f1(x,y)的频谱');
axis on;
```

程序运行结果如图 3.5 所示。

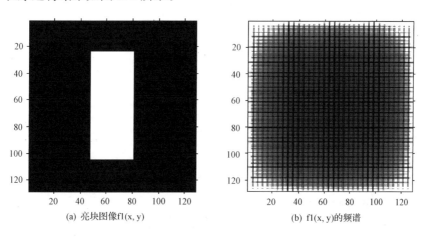

(a) 亮块图像f1(x,y)   (b) f1(x,y)的频谱

图 3.5

特注:如何显示图像的离散傅里叶变换谱

假设 $|F(u,v)|$ 是一幅图像 $f(m,n)$ 的离散傅里叶变换谱,其中的元素是图像展开成离散傅里叶函数时的系数,对应于二维空间 (u,v) 上的一对不同的频率。

当 u,v 增大时,高频信息对图像谱的贡献变得越来越次要,因此相应的 $|F(u,v)|$ 系数值变小,但系数值的变化范围较大使显示这些系数变得困难。因此为了显示这个频谱值,引进对数函数:

$$d(u,v)\equiv\lg(1+|F(u,v)|).$$

函数 d 把 $|F(u,v)|$ 按比例缩放到可显示的灰度值范围内,可以作为 $|F(u,v)|$ 的替代显示。注意当 $|F(u,v)|=0$ 时,$d(u,v)=0$。函数 $d(u,v)$ 有以下性质:降低较大和较小函数值之间的比值,使得较大和较小函数值之间的比值都能在同一比例下显示。

按照如上方法,读者可以自己编程实现,体会其效果。

例 3.8 在上题所给图像 $f_1(x,y)$ 的基础上,令 $f_2(x,y)=(-1)^{x+y}f_1(x,y)$,对其进行傅里叶变换,同屏显示原图像 $f_1(x,y)$ 及其频谱,以及 $f_2(x,y)$ 的频谱,实现图 3.2.1(见《数字图像处理(第二版)》)的效果。

解答 该题即为频谱中心化,Matlab 源程序如下:

```
%      产生亮块图像 f1(x,y),并显示
f1 = zeros(128,128);
for x = 24:104
    for y = 48:80
        f1(x,y) = 255;
    end
end
subplot(1,3,1);
imshow(f1);
xlabel('(a)亮块图像 f1(x,y)');
axis on;

%      f1(x,y)的傅里叶变换
FFT_f1 = fft2(f1);

%      求 f1(x,y)的频谱
FFT_f1 = abs(FFT_f1);
tmax = FFT_f1(1,1);
tmin = FFT_f1(1,1);
for x = 1:128
    for y = 1:128
        if tmax<FFT_f1(x,y)
            tmax = FFT_f1(x,y);
```

```
            end
        if tmin>FFT_f1(x,y)
                tmin = FFT_f1(x,y);
            end
        end
    end
end

delta = tmax − tmin;
for x = 1:128
    for y = 1:128
        FFT_f1(x,y) = 255 * (FFT_f1(x,y) − tmin)/delta;
    end
end
subplot(1,3,2);
imshow(FFT_f1);
xlabel('(b) f1(x,y)的频谱');
axis on;

%       频谱中心化
f2 = f1;
for x = 1:128
    for y = 1:128
        f2(x,y) = ( − 1)^(x + y) * f1(x,y);
    end
end
FFT_f2 = fft2(f2);
FFT_f2 = abs(FFT_f2);
tmax = FFT_f2(1,1);
tmin = FFT_f2(1,1);
for x = 1:128
    for y = 1:128
        if tmax < FFT_f2(x,y)
            tmax = FFT_f2(x,y);
        end
        if tmin > FFT_f2(x,y)
            tmin = FFT_f2(x,y);
```

```
            end
        end
end
delta = tmax − tmin;
for x = 1:128
    for y = 1:128
        FFT_f2(x,y) = 255 * (FFT_f2(x,y) − tmin)/delta;
    end
end
subplot(1,3,3);
imshow(FFT_f2);
xlabel('(c)中心化频谱');
axis on;
```

程序运行结果如图 3.6 所示。

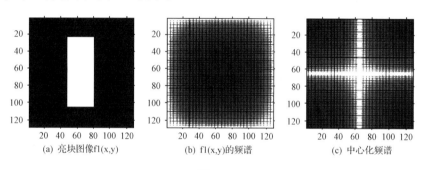

(a) 亮块图像f1(x,y) (b) f1(x,y)的频谱 (c) 中心化频谱

图 3.6

例 3.9　将上题的 $f_2(x,y)$ 顺时针旋转 $45°$ 得到 $f_3(x,y)$，对其进行傅里叶变换，同屏显示原图像 $f_1(x,y)$、中心化频谱、$f_3(x,y)$ 及其频谱，实现图 3.2.2(见主教材)的效果。

解答　该程序主要用来验证傅里叶变换的旋转不变性。Matlab 源程序如下：

```
%    产生亮块图像 f1(x,y),并显示
f1 = zeros(128,128);
for x = 24:104
    for y = 48:80
        f1(x,y) = 255;
    end
end
subplot(2,2,1);
imshow(f1);
```

```
xlabel('(a)亮块图像 f1(x,y)');
axis on;

%     f1(x,y)的傅里叶变换
FFT_f1 = fft2(f1);

%     求 f1(x,y)的频谱
FFT_f1 = abs(FFT_f1);
tmax = FFT_f1(1,1);
tmin = FFT_f1(1,1);
for x = 1:128
    for y = 1:128
        if tmax < FFT_f1(x,y)
            tmax = FFT_f1(x,y);
        end
        if tmin > FFT_f1(x,y)
            tmin = FFT_f1(x,y);
        end
    end
end

delta = tmax - tmin;
for x = 1:128
    for y = 1:128
        FFT_f1(x,y) = 255 * (FFT_f1(x,y) - tmin)/delta;
    end
end

%     频谱中心化
f2 = f1;
for x = 1:128
    for y = 1:128
        f2(x,y) = ( - 1)^(x + y) * f1(x,y);
    end
end
```

```
FFT_f2 = fft2(f2);
FFT_f2 = abs(FFT_f2);
tmax = FFT_f2(1,1);
tmin = FFT_f2(1,1);
for x = 1:128
    for y = 1:128
        if tmax < FFT_f2(x,y)
            tmax = FFT_f2(x,y);
        end
        if tmin > FFT_f2(x,y)
            tmin = FFT_f2(x,y);
        end
    end
end
delta = tmax - tmin;
for x = 1:128
    for y = 1:128
        FFT_f2(x,y) = 255 * (FFT_f2(x,y) - tmin)/delta;
    end
end
subplot(2,2,2);
imshow(FFT_f2);
xlabel('(b)中心化频谱');
axis on;

%    原图像 f1(x,y)旋转 45 度生成 f3(x,y)
f3 = imrotate(f1, -45,'bilinear');
for x = 1:128
    for y = 1:128
        f3(x,y) = (-1)^(x+y) * f3(x,y);
    end
end
subplot(2,2,3);
imshow(f3);
xlabel('(c)原图像顺时针旋转 45 度');
FFT_f3 = fft2(f3);
```

```
FFT_f3 = abs(FFT_f3);
tmax = FFT_f3(1,1);
tmin = FFT_f3(1,1);
for x = 1:181
    for y = 1:181
        if tmax < FFT_f3(x,y)
            tmax = FFT_f3(x,y);
        end
        if tmin > FFT_f3(x,y)
            tmin = FFT_f3(x,y);
        end
    end
end
delta = tmax - tmin;
for x = 1:181
    for y = 1:181
        FFT_f3(x,y) = 255 * (FFT_f3(x,y) - tmin)/delta;
    end
end
subplot(2,2,4);
imshow(FFT_f3);
xlabel('(d)顺时针旋转 45 度后的中心化频谱');
axis on;
```

程序运行结果如图 3.7 所示。

例 3.10 利用上题中产生的亮块图像,编写程序验证傅里叶变换的平移性。

解答 Matlab 源程序如下:

```
for x = 1:128
    for y = 1:128
f5(x,y) = f2(x,y) * (exp(2 * j * pi * (10 * x + 10 * y)/128));
    end
end
subplot(1,2,1);
imshow(f5);
xlabel('(a)时域与指数相乘');
axis on;
```

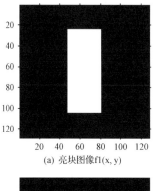

(a) 亮块图像f1(x, y)

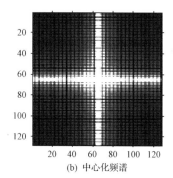

(b) 中心化频谱

(c) 原图像顺时针旋转45度

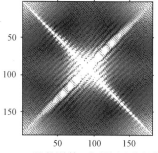

(d) 顺时针旋转45度后的中心化频谱

图 3.7

```matlab
FFT_f5 = fft2(f5);
FFT_f5 = abs(FFT_f5);
tmax = FFT_f5(1,1);
tmin = FFT_f5(1,1);
for x = 1:128
    for y = 1:128
        if tmax < FFT_f5(x,y)
            tmax = FFT_f5(x,y);
        end
        if tmin > FFT_f5(x,y)
            tmin = FFT_f5(x,y);
        end
    end
end
delta = tmax - tmin;
for x = 1:128
    for y = 1:128
```

$$\text{FFT\_f5}(x,y) = 255 * (\text{FFT\_f5}(x,y) - \text{tmin})/\text{delta};$$

```
    end
end
subplot(1,2,2);
imshow(FFT_f5);
xlabel('(b) 频域中心移动')
axis on;
```

程序运行结果如图 3.8 所示。

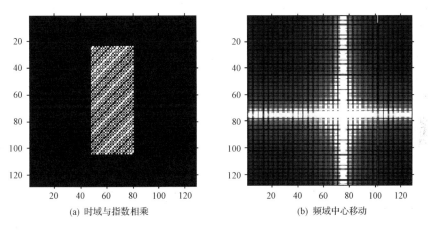

(a) 时域与指数相乘　　　　　　　　(b) 频域中心移动

图 3.8

例 3.11　试编写程序验证傅里叶变换的分配律。

解答　Matlab 源程序如下:

```
clc
clear all close all;

%      产生亮块图像 f1(x,y)
f1 = zeros(128,128);
for x = 50:78
    for y = 20:40
        f1(x,y) = 128;
    end
end
subplot(2,3,1);
imshow(f1);
xlabel('(a)图像 f1(x,y)');
```

```
axis on;

%    产生亮块图像 f2(x,y)
f2 = zeros(128,128);
for x = 20:40
    for y = 50:78
        f2(x,y) = 255;
    end
end
subplot(2,3,2);
imshow(f2);
xlabel('(b)图像 f2(x,y)');
axis on;

%    f3 = f1 + f2
f3 = zeros(128,128);
for x = 20:40
    for y = 50:78
        f3(x,y) = 255;
    end
end
for x = 50:78
    for y = 20:40
        f3(x,y) = 255;
    end
end
subplot(2,3,3);
imshow(f3);
xlabel('(c)图像 f3(x,y) = f1(x,y) + f2(x,y)');
axis on;

for x = 1:128
    for y = 1:128
        f1(x,y) = ( -1)^(x + y) * f1(x,y);
        f2(x,y) = ( -1)^(x + y) * f2(x,y);
```

```
                f3(x,y) = ( -1)^(x + y) * f3(x,y);
        end
end

FFT_f1 = fft2(f1);
FFT_f1 = abs(FFT_f1);
tmax = FFT_f1(1,1);
tmin = FFT_f1(1,1);
for y = 1:128
    for x = 1:128
        if tmax < FFT_f1(x,y)
            tmax = FFT_f1(x,y);
        end
        if tmin > FFT_f1(x,y)
            tmin = FFT_f1(x,y);
        end
    end
end
delta = tmax - tmin;
for x = 1:128
    for y = 1:128
        FFT_f1(x,y) = 255 * (FFT_f1(x,y) - tmin)/delta;
    end
end
subplot(2,3,4);
imshow(FFT_f1);
xlabel('(d) f1(x,y)的频谱');
axis on;

FFT_f2 = fft2(f2);
FFT_f2 = abs(FFT_f2);
tmax = FFT_f2(1,1);
tmin = FFT_f2(1,1);
for x = 1:128
    for y = 1:128
```

```
        if tmax < FFT_f2(x,y)
            tmax = FFT_f2(x,y);
        end
        if tmin > FFT_f2(x,y)
            tmin = FFT_f2(x,y);
        end
    end
end
delta = tmax − tmin;
for x = 1:128
    for y = 1:128
        FFT_f2(x,y) = 255 * (FFT_f2(x,y) − tmin)/delta;
    end
end
subplot(2,3,5);
imshow(FFT_f2);
xlabel('(e) f2(x,y)的频谱');
axis on;

FFT_f3 = fft2(f3);
FFT_f3 = abs(FFT_f3);
tmax = FFT_f3(1,1);
tmin = FFT_f3(1,1);
for x = 1:128
    for y = 1:128
        if tmax < FFT_f3(x,y)
            tmax = FFT_f3(x,y);
        end
        if tmin > FFT_f3(x,y)
            tmin = FFT_f3(x,y);
        end
    end
end
delta = tmax − tmin;
for x = 1:128
```

```
        for y = 1:128
            FFT_f3(x,y) = 255 * (FFT_f3(x,y) - tmin)/delta;
        end
    end
subplot(2,3,6);
imshow(FFT_f3);
xlabel('(f)f1(x,y) + f2(x,y)的频谱');
axis on;
```

程序运行结果如图 3.9 所示。

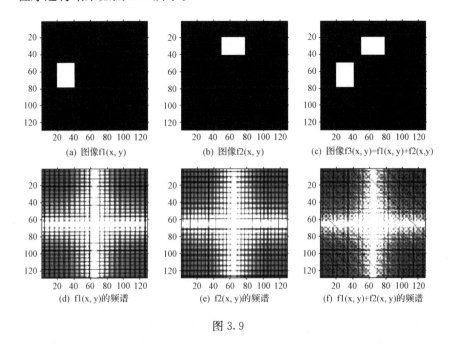

图 3.9

3.5 习题及解答

题 3.1 已知图像块

$$f(x,y) = \begin{bmatrix} f(0,0) & f(0,1) & f(0,2) & f(0,3) \\ f(1,0) & f(1,1) & f(1,2) & f(1,3) \\ f(2,0) & f(2,1) & f(2,2) & f(2,3) \\ f(3,0) & f(3,1) & f(3,2) & f(3,3) \end{bmatrix} = \begin{bmatrix} 0 & 1 & 2 & 3 \\ 4 & 5 & 6 & 7 \\ 8 & 9 & 10 & 11 \\ 12 & 13 & 14 & 15 \end{bmatrix}$$

若将其绕坐标原点逆时针旋转 $30°$,结果为 $g(u,v)$。分别用最近邻插值法和双线性变换法求 $g(1,3)$ 的灰度值(结果四舍五入取整)。

解答 由图像旋转公式得,坐标 (x,y) 绕坐标系的原点逆时针旋转 $30°$ 后的结果 (u,v) 为

$$\begin{bmatrix} u \\ v \end{bmatrix} = \begin{bmatrix} \cos30° & -\sin30° \\ \sin30° & \cos30° \end{bmatrix} \begin{bmatrix} x \\ y \end{bmatrix} = \begin{bmatrix} \dfrac{\sqrt{3}}{2}x - \dfrac{1}{2}y \\ \dfrac{1}{2}x + \dfrac{\sqrt{3}}{2}y \end{bmatrix}$$

将已知 $\begin{bmatrix} u \\ v \end{bmatrix} = \begin{bmatrix} 1 \\ 3 \end{bmatrix}$ 代入上式,即

$$\begin{bmatrix} 1 \\ 3 \end{bmatrix} = \begin{bmatrix} \dfrac{\sqrt{3}}{2}x - \dfrac{1}{2}y \\ \dfrac{1}{2}x + \dfrac{\sqrt{3}}{2}y \end{bmatrix}$$

解得

$$\begin{bmatrix} x \\ y \end{bmatrix} = \begin{bmatrix} \dfrac{3+\sqrt{3}}{2} \\ \dfrac{3\sqrt{3}-1}{2} \end{bmatrix} \approx \begin{bmatrix} 2.4 \\ 2.1 \end{bmatrix}$$

(1) 由最近邻插值法得

$$g(1,3) = f(2.4,2.1) = f(2,2) = 10$$

(2) 采用双线性插值法。

$g(1,3) = f(2.4,2.1) = f(x_0,y_0)$ 与 $\begin{bmatrix} f(2,2) & f(2,3) \\ f(3,2) & f(3,3) \end{bmatrix} = \begin{bmatrix} 10 & 11 \\ 14 & 15 \end{bmatrix}$ 有关。

首先对 $f(2,2)$ 和 $f(3,2)$ 进行线性插值,得到 $(x_0,2)$ 的像素灰度插值为

$$f(x_0,2) = f(2,2) + (x_0-2)[f(3,2) - f(2,2)]$$
$$= 10 + (2.4-2)(14-10) = 11.6$$

接着,对 $f(2,3)$ 和 $f(3,3)$ 进行线性插值,得到 $(x_0,3)$ 的像素灰度插值为

$$f(x_0,3) = f(2,3) + (x_0-2)[f(3,3) - f(2,3)]$$
$$= 11 + (2.4-2)(15-11) = 12.6$$

再进行水平线性插值得到

$$f(x_0,y_0) = f(x_0,y) + (y_0-y)[f(x_0,y+1) - f(x_0,y)]$$

将 $y=2$ 代入上式,可得

$$f(x_0,y_0) = f(x_0,2) + (y_0-2)[f(x_0,3) - f(x_0,2)]$$
$$= 11.6 + (2.1-2)(12.6-11.6) = 11.7$$

四舍五入取整得

$$g(1,3) = f(2.4,2.1) = f(x_0,y_0) = \mathrm{INT}[11.7+0.5] = 12$$

题 3.2 2D-DFT 主要有哪些性质?其在图像处理中有哪些应用?

解答 2D-DFT 变换的性质主要包括可分离性、平移性、周期性、共轭对称性、旋转不变性、分配性和比例性。

在图像处理的广泛应用领域中，2D-DFT 变换起着非常重要的作用，可以利用它对图像进行频谱分析、滤波、降噪等处理，例如，可以用低通滤波器滤除图像中的高频噪声等。

题 3.3 证明 $f(x)$ 的自相关函数的傅里叶变换就是 $f(x)$ 的功率谱（谱密度）$|F(u)|^2$。

证明 根据相关定理

$$f(x)°f(x) \Leftrightarrow F^*(u)F(u)$$

另根据共轭定义

$$F^*(u)F(u) = |F(u)F(u)|$$

又根据共轭对称性

$$|F(u)|^2 = |F(u)| \times |F(u)|$$

即可证明 $f(x)$ 的自相关函数的傅里叶变换就是 $f(x)$ 的功率谱（谱密度）$|F(u)|^2$。

题 3.4 已知 $N \times N$ 的数字图像为 $f(m,n)$，其 DFT 为 $F(u,v)$，求 $(-1)^{m+n}f(m,n)$ 的 DFT。

解答 令

$$u_0 = v_0 = \frac{N}{2}, \quad f(m,n) \leftrightarrow F(u,v)$$

则

$$(-1)^{m+n}f(m,n) \leftrightarrow F\left(u-\frac{N}{2}, v-\frac{N}{2}\right)$$

题 3.5 计算一幅 256×256 图像的可分离 2-D DFT 需要多少次加法和乘法？若进行可分离 2-D FFT，结果又如何？

解答 计算 N 点的 DFT 需要 N^2 次复数乘法和 $N(N-1)$ 次加法，利用 2-D DFT 的可分离性，一幅 $N \times N$ 图像的 2-D DFT 可以分解成 2 个 $N \times N$ 点 1-D DFT，所以计算一幅 $N \times N$ 图像的可分离 2-D DFT 需要 $2N^4$ 次复数乘法和 $2N^2(N^2-1)$ 次加法。

计算一幅 256×256 图像的可分离 2-D DFT 需要 $2 \times 256^4 = 8589934592$ 次乘法和 $2 \times 256^2(256^2-1) = 8589803520$ 次加法。

计算 N 点的 FFT 需要 $N\log_2 N$ 次加法和 $\frac{1}{2}N\log_2 N$ 次乘法，而一幅 $N \times N$ 图的 2-D FFT 可以分解成 2 个 $N \times N$ 点 1-D FFT，所以计算一幅 $N \times N$ 图的可分离 2-D FFT 需要 $2N^2\log_2 N^2$ 次加法和 $2 \times \frac{1}{2}N^2\log_2 N^2$ 次乘法。

计算一幅 256×256 图像的可分离 2-D FFT 需要 $2 \times 256^2 \times \log_2 256^2 = 2097152$ 次加法和 $2 \times \dfrac{1}{2} \times 256^2 \times \log_2 256^2 = 1048576$ 次乘法。

题 3.6　证明 2D-DFT 和 2D-IDFT 是线性变换。

证明　要证明 2D-DFT 是线性变换,即要证明

$$\mathrm{DFT}[af_1(m,n) + bf_2(m,n)] = a\mathrm{DFT}[f_1(m,n)] + b\mathrm{DFT}[f_2(m,n)]$$

这里 a、b 为常数。

因为

$$\mathrm{DFT}[af_1(m,n) + bf_2(m,n)]$$

$$= \frac{1}{N} \sum_{m=0}^{N-1} \sum_{n=0}^{N-1} [af_1(m,n) + bf_2(m,n)] W_N^{mu+n}$$

$$= \frac{1}{N} \sum_{m=0}^{N-1} \sum_{n=0}^{N-1} [af_1(m,n) W_N^{mu+n} + bf_2(m,n) W_N^{mu+n}]$$

$$= \frac{1}{N} \sum_{m=0}^{N-1} \sum_{n=0}^{N-1} af_1(m,n) W_N^{mu+n} + \frac{1}{N} \sum_{m=0}^{N-1} \sum_{n=0}^{N-1} bf_2(m,n) W_N^{mu+n}$$

$$= a \times \frac{1}{N} \sum_{m=0}^{N-1} \sum_{n=0}^{N-1} f_1(m,n) W_N^{mu+n} + b \times \frac{1}{N} \sum_{m=0}^{N-1} \sum_{n=0}^{N-1} f_2(m,n) W_N^{mu+n}$$

$$= a\mathrm{DFT}[f_1(m,n)] + b\mathrm{DFT}[f_2(m,n)]$$

所以 2D-DFT 是线性变换。

同理 2D-IDFT 也是线性变换。

题 3.7　求下列数字图像块的 2D-DFT 和 2D-DCT:

$$(1)\ f_1(m,n) = \begin{bmatrix} 0 & 1 & 1 & 0 \\ 0 & 1 & 1 & 0 \\ 0 & 1 & 1 & 0 \\ 0 & 1 & 1 & 0 \end{bmatrix}; \quad (2)\ f_2(m,n) = \begin{bmatrix} 0 & 0 & 1 & 1 \\ 0 & 0 & 1 & 1 \\ 0 & 0 & 1 & 1 \\ 0 & 0 & 1 & 1 \end{bmatrix}。$$

解答　(1) $f_1(m,n)$ 的 2D-DFT 和 2D-DCT 如下:

① $f_1(m,n)$ 的 2D-DFT。

根据 2D-DFT 的计算公式 $F(u,v) = \dfrac{1}{N} \sum_{m=0}^{N-1} \sum_{n=0}^{N-1} f(m,n) W_N^{mu+nv}$,并利用 2D-DFT 的可分离性,有

$$F(u,v) = \text{2D-DFT}[f(m,n)] = \text{1D-DFT}_n\{\text{1D-DFT}_m[f(m,n)]\} = \text{1D-DFT}_n[F(u,n)]$$

或

$$F(u,v) = \text{2D-DFT}[f(m,n)] = \text{1D-DFT}_m\{\text{1D-DFT}_n[f(m,n)]\}$$

$$= \text{1D-DFT}_m[F(m,v)]$$

由于原图像中有两个全 0 的列向量,其 DFT 也一定是全 0 的列向量,所以,为减少运算量,可先进行列 DFT,再进行行 DFT。

对于题中所给 4×4 图像,其 1D-DFT 为
$$F_i(w) = \{F(0), F(1), F(2), F(3)\}$$
其中,i 表示第 i 行或第 i 列,$F(r)(r = 0, 1, 2, 3)$ 表示对应行或列 1D-DFT 的第 r 个元素。

根据 1D-DFT 公式,有

$$F(0) = \frac{1}{2}\{[f(0) + f(2)] + [f(1) + f(3)]\}$$

$$F(1) = \frac{1}{2}\{[f(0) - f(2)] - j[f(1) - f(3)]\}$$

$$F(2) = \frac{1}{2}\{[f(0) + f(2)] - [f(1) + f(3)]\}$$

$$F(3) = \frac{1}{2}\{[f(0) - f(2)] + j[f(1) - f(3)]\}$$

由此得到 $f_1(m,n)$ 的列 DFT 为

$$F_1(m, v) = 1\text{D-DFT}_n[f_1(m,n)] = \begin{bmatrix} 0 & 2 & 2 & 0 \\ 0 & 0 & 0 & 0 \\ 0 & 0 & 0 & 0 \\ 0 & 0 & 0 & 0 \end{bmatrix}$$

再进行行 DFT,可得结果为

$$F_1(u, v) = 1\text{D-DFT}_m[F_1(m,v)] = \begin{bmatrix} 0 & -1-j & 0 & -1+j \\ 0 & 0 & 0 & 0 \\ 0 & 0 & 0 & 0 \\ 0 & 0 & 0 & 0 \end{bmatrix}$$

② $f_1(m,n)$ 的 2D-DCT。

由 2D-DCT 的公式

$$\boldsymbol{F} = \boldsymbol{C}^{\mathrm{T}} \boldsymbol{f} \boldsymbol{C}$$

其中,变换矩阵为

$$\boldsymbol{C} = \sqrt{\frac{2}{N}} \begin{bmatrix} \sqrt{\frac{1}{2}} & \sqrt{\frac{1}{2}} & \cdots & \sqrt{\frac{1}{2}} \\ \cos\frac{1}{2N}\pi & \cos\frac{3}{2N}\pi & \cdots & \cos\frac{2N-1}{2N}\pi \\ \vdots & \vdots & & \vdots \\ \cos\frac{N-1}{2N}\pi & \cos\frac{3(N-1)}{2N}\pi & \cdots & \cos\frac{(2N-1)(N-1)}{2N}\pi \end{bmatrix}$$

当 $N = 4$ 时,

$$C = \sqrt{\frac{1}{2}} \begin{bmatrix} \sqrt{\frac{1}{2}} & \sqrt{\frac{1}{2}} & \sqrt{\frac{1}{2}} & \sqrt{\frac{1}{2}} \\ \cos\frac{\pi}{8} & \cos\frac{3\pi}{8} & \cos\frac{5\pi}{8} & \cos\frac{7\pi}{8} \\ \cos\frac{2\pi}{8} & \cos\frac{6\pi}{8} & \cos\frac{10\pi}{8} & \cos\frac{14\pi}{8} \\ \cos\frac{3\pi}{8} & \cos\frac{9\pi}{8} & \cos\frac{15\pi}{8} & \cos\frac{21\pi}{8} \end{bmatrix}$$

则

$$F_1(u,v) = C^{\mathrm{T}} f_1(m,n) C = \begin{bmatrix} 2.217 & -0.440 & -1.483 & -0.294 \\ -0.440 & 0.087 & 0.295 & 0.058 \\ 0.440 & -0.087 & -0.295 & -0.058 \\ 0.088 & -0.017 & -0.059 & -0.012 \end{bmatrix}$$

(2) 同理，$f_2(m,n)$ 的 2D-DFT 和 2D-DCT 如下：

① $f_1(m,n)$ 的 2D-DFT

$$F_2(u,v) = \begin{bmatrix} 2 & -1+\mathrm{j} & 0 & -1-\mathrm{j} \\ 0 & 0 & 0 & 0 \\ 0 & 0 & 0 & 0 \\ 0 & 0 & 0 & 0 \end{bmatrix}$$

② $f_1(m,n)$ 的 2D-DCT

$$F_2(u,v) = C^{\mathrm{T}} f_2(m,n) C = \begin{bmatrix} 1.481 & -2.217 & 0.294 & 0.440 \\ -0.294 & 0.440 & -0.058 & -0.087 \\ 0.294 & -0.440 & 0.058 & 0.087 \\ 0.059 & -0.088 & 0.012 & 0.017 \end{bmatrix}$$

题 3.8 简述二维 DFT、DCT、DHT 和 DWT 的异同。

解答 与 DFT 相比，DCT 具有更好的能量压缩性能，仅用少数几个变换系数就可表征信号的总体，使得它在数据压缩和数据通信中得到了广泛的应用。另外，DCT 避免了繁杂的运算，而且实信号的 DCT 变换结果仍然是实数。

与 2D-DFT 和 2D-DCT 类同，DHT 和 DWT 都是属于可分离的正交变换，也是实函数变换。

DHT 和 DWT 还有这样的特点：正反变换形式完全相同。变换核中不存在正、余弦函数，所以用计算机计算时，不会因字长有限而产生附加噪声。由于是正交变换，具有很好的能量集中作用。

DHT 的行（或列）变号次数乱序，而 DWT 行（或列）变号次数按自然定序排列。

题 3.9 写出 $N=8$ 的哈达玛和沃尔什变换核，简述其特点。

解答 $N=8$ 时的哈达玛变换核的值如下表：

u \ x	0	1	2	3	4	5	6	7
0	+	+	+	+	+	+	+	+
1	+	−	+	−	+	−	+	−
2	+	+	−	−	+	+	−	−
3	+	−	−	+	+	−	−	+
4	+	+	+	+	−	−	−	−
5	+	−	+	−	−	+	−	+
6	+	+	−	−	−	−	+	+
7	+	−	−	+	−	+	+	−

哈达玛变换核(变换矩阵)具有如下特点：

(1) 递推性。H_{2N} 可以由 H_N 递推得到。

(2) 哈达玛变换矩阵 H_N 为实的正交对称矩阵,即

$$H_N = H_N^{-1} = H_N^T = H_N^*$$

因此,正反变换具有相同的变换核(矩阵)。

(3) 行(或列)变号次数乱序。

$N = 8$ 时的沃尔什变换核的值如下表：

u \ x	0	1	2	3	4	5	6	7
0	+	+	+	+	+	+	+	+
1	+	+	+	+	−	−	−	−
2	+	+	−	−	−	−	+	+
3	+	+	−	−	+	+	−	−
4	+	−	−	+	+	−	−	+
5	+	−	−	+	−	+	+	−
6	+	−	+	−	−	+	+	−
7	+	−	+	−	+	−	+	−

沃尔什变换核(变换矩阵)具有如下特点：

(1) 变换核 W_N 可由哈达玛变换核 H_N 间接得到(间接递推),即

$$H_N \xrightarrow[\text{自然数定序}]{\text{行(或列)变号次数}} W_N$$

(2) 沃尔什变换矩阵 W_N 为实的正交对称矩阵,即

$$W_N = W_N^{-1} = W_N^T = W_N^*$$

因此,正反变换具有相同的变换核(矩阵)。

(3) 行(或列)变号次数按自然定序排列。

题 3.10 求下列数字图像块的 2D-DHT：

$$(1)\ f_1(m,n) = \begin{bmatrix} 1 & 4 & 4 & 1 \\ 1 & 4 & 4 & 1 \\ 1 & 4 & 4 & 1 \\ 1 & 4 & 4 & 1 \end{bmatrix};\quad (2)\ f_2(m,n) = \begin{bmatrix} 4 & 4 & 1 & 1 \\ 4 & 4 & 1 & 1 \\ 4 & 4 & 1 & 1 \\ 4 & 4 & 1 & 1 \end{bmatrix};$$

$$(3)\ f_3(m,n) = \begin{bmatrix} 4 & 4 & 4 & 4 \\ 4 & 4 & 4 & 4 \\ 4 & 4 & 4 & 4 \\ 4 & 4 & 4 & 4 \end{bmatrix}。$$

解答 由 $\boldsymbol{H}_2 = \dfrac{1}{\sqrt{2}}\begin{bmatrix} 1 & 1 \\ 1 & -1 \end{bmatrix}$ 和 $\boldsymbol{H}_{2N} = \dfrac{1}{\sqrt{2}}\begin{bmatrix} H_N & H_N \\ H_N & -H_N \end{bmatrix}$ 得

$$\boldsymbol{H}_4 = \frac{1}{2}\begin{bmatrix} 1 & 1 & 1 & 1 \\ 1 & -1 & 1 & -1 \\ 1 & 1 & -1 & -1 \\ 1 & -1 & -1 & 1 \end{bmatrix}$$

则

$$(1)\qquad \boldsymbol{F}_1 = \boldsymbol{H}_4 f_1 \boldsymbol{H}_4 = \begin{bmatrix} 10 & 0 & 0 & -6 \\ 0 & 0 & 0 & 0 \\ 0 & 0 & 0 & 0 \\ 0 & 0 & 0 & 0 \end{bmatrix}$$

同理得

$$(2)\qquad \boldsymbol{F}_2 = \boldsymbol{H}_4 f_2 \boldsymbol{H}_4 = \begin{bmatrix} 10 & 0 & 6 & 0 \\ 0 & 0 & 0 & 0 \\ 0 & 0 & 0 & 0 \\ 0 & 0 & 0 & 0 \end{bmatrix}$$

$$(3)\qquad \boldsymbol{F}_3 = \boldsymbol{H}_4 f_3 \boldsymbol{H}_4 = \begin{bmatrix} 16 & 0 & 0 & 0 \\ 0 & 0 & 0 & 0 \\ 0 & 0 & 0 & 0 \\ 0 & 0 & 0 & 0 \end{bmatrix}$$

题 3.11 求习题 3.10 的 2D-DWT。

解答 由 $\boldsymbol{H}_4 \to \boldsymbol{W}_4$ 得

$$\boldsymbol{W}_4 = \frac{1}{2}\begin{bmatrix} 1 & 1 & 1 & 1 \\ 1 & 1 & -1 & -1 \\ 1 & -1 & -1 & 1 \\ 1 & -1 & 1 & -1 \end{bmatrix}$$

则

$$F_1 = W_4 f_1 W_4 = \begin{bmatrix} 10 & 0 & -6 & 0 \\ 0 & 0 & 0 & 0 \\ 0 & 0 & 0 & 0 \\ 0 & 0 & 0 & 0 \end{bmatrix}, \quad F_2 = W_4 f_2 W_4 = \begin{bmatrix} 10 & 6 & 0 & 0 \\ 0 & 0 & 0 & 0 \\ 0 & 0 & 0 & 0 \\ 0 & 0 & 0 & 0 \end{bmatrix}$$

$$F_3 = W_4 f_3 W_4 = \begin{bmatrix} 16 & 0 & 0 & 0 \\ 0 & 0 & 0 & 0 \\ 0 & 0 & 0 & 0 \\ 0 & 0 & 0 & 0 \end{bmatrix}$$

题 3.12 与 DFT 相比,DCT 有哪些特点?

解答 与离散傅里叶变换相比,信号的离散余弦变换具有更好的能量压缩性能,仅用少数几个变换系数就可表征信号的整体,使得它在数据压缩和数据通信中得到了广泛的应用。另外,离散余弦变换避免了繁杂的运算,而且实信号的 DCT变换结果仍然是实数。

题 3.13 写出 $N=2$ 时的 2-D DCT 的正反变换核的值。

解答 由正变换公式

$$g(m,n,u,v) = a(u)a(v)\cos\left[\frac{(2m+1)u\pi}{2N}\right]\cos\left[\frac{(2n+1)v\pi}{2N}\right]$$

可得 $N=2$ 时,

$$a(u) = a(v) = \begin{cases} \sqrt{\dfrac{1}{2}}, & u,v = 0 \\ 1, & u,v = 1 \end{cases}$$

$$g(m,n,0,0) = \frac{1}{2}, \quad g(0,n,1,0) = \frac{1}{2}, \quad g(1,n,1,0) = -\frac{1}{2}$$

$$g(m,0,0,1) = \frac{1}{2}, \quad g(m,1,0,1) = -\frac{1}{2}, \quad g(1,1,0,0) = g(1,1,1,1) = \frac{1}{2}$$

$$g(1,1,0,1) = g(1,1,1,0) = -\frac{1}{2}$$

2-D DCT 的正反变换核是相同的,则反变换核的值就等于正变换核的值。

题 3.14 沃尔什变换的变换矩阵有哪些特点? 在图像处理应用中其最突出的优点是什么?

解答 沃尔什变换矩阵的特点有间接递推性、对称性、正交性、行(列)变号次数按自然数定序排列。沃尔什变换的主要优点在于减少存储空间和提高运算速度,这一点对图像处理来说是至关重要的,特别是在大量数据要进行实时处理时,速度提高特别明显。

题 3.15 K-L 变换中,如果 A 是将 x 转化为 y 的变换矩阵,即 $y = A(x - m_x)$,试证明:

(1) 变换得到的 y 矢量的均值为零;

（2）若 $\boldsymbol{x}$ 和 $\boldsymbol{y}$ 的协方差矩阵分别为 $\boldsymbol{C}_x$ 和 $\boldsymbol{C}_y$，则 $\boldsymbol{C}_y = \boldsymbol{A}\boldsymbol{C}_x\boldsymbol{A}^{\mathrm{T}}$；

（3）$\boldsymbol{C}_y$ 是一个对角矩阵，它的主对角线上的元素是 $\boldsymbol{C}_x$ 的特征值。

证明　因为

$$\boldsymbol{y} = \boldsymbol{A}(\boldsymbol{x} - \boldsymbol{m}_x)$$

所以

（1）$\boldsymbol{m}_y = E\{\boldsymbol{y}\} = E\{\boldsymbol{A}(\boldsymbol{x} - \boldsymbol{m}_x)\}$

　　　　$= E\{\boldsymbol{A}\boldsymbol{x}\} - E\{\boldsymbol{A}\boldsymbol{m}_x\} = \boldsymbol{A}\boldsymbol{m}_x - \boldsymbol{A}\boldsymbol{m}_x = 0$

（2）$\boldsymbol{C}_y = E\{(\boldsymbol{y} - \boldsymbol{m}_y)(\boldsymbol{y} - \boldsymbol{m}_y)^{\mathrm{T}}\} = E\{\boldsymbol{A}(\boldsymbol{x} - \boldsymbol{m}_x)(\boldsymbol{x} - \boldsymbol{m}_x)^{\mathrm{T}}\boldsymbol{A}^{\mathrm{T}}\}$

　　　　$= \boldsymbol{A}E\{(\boldsymbol{x} - \boldsymbol{m}_x)(\boldsymbol{x} - \boldsymbol{m}_x)^{\mathrm{T}}\}\boldsymbol{A}^{\mathrm{T}} = \boldsymbol{A}\boldsymbol{C}_x\boldsymbol{A}^{\mathrm{T}}$

（3）因为 $\boldsymbol{A}$ 是由 $\boldsymbol{C}_x$ 的特征矢量组成其各行的矩阵，所以 $\boldsymbol{A}\boldsymbol{C}_x\boldsymbol{A}^{\mathrm{T}}$ 为对角矩阵，这样根据 $\boldsymbol{C}_y = \boldsymbol{A}\boldsymbol{C}_x\boldsymbol{A}^{\mathrm{T}}$，$\boldsymbol{C}_y$ 是对角矩阵。因而 $\boldsymbol{A}\boldsymbol{C}_x\boldsymbol{A}^{\mathrm{T}}$ 主对角线上的元素是 $\boldsymbol{C}_x$ 的特

征值，$\boldsymbol{C}_y = \begin{bmatrix} \lambda_1 & & & 0 \\ & \lambda_2 & & \\ & & \ddots & \\ 0 & & & \lambda_N \end{bmatrix}$ 成立。

题 3.16　设有 3 个矢量 $\boldsymbol{x}_1 = \begin{bmatrix} 1 & 0 & 0 \end{bmatrix}^{\mathrm{T}}, \boldsymbol{x}_2 = \begin{bmatrix} 1 & 1 & 0 \end{bmatrix}^{\mathrm{T}}, \boldsymbol{x}_3 = \begin{bmatrix} 1 & 0 & 1 \end{bmatrix}^{\mathrm{T}}$，求出矢量 $\boldsymbol{X} = \begin{bmatrix} x_1 & x_2 & x_3 \end{bmatrix}^{\mathrm{T}}$ 的协方差矩阵 $\boldsymbol{C}_x$。

解答　根据式 $\boldsymbol{m}_x = \dfrac{1}{M}\displaystyle\sum_{k=1}^{M} \boldsymbol{x}_k$ 得

$$\boldsymbol{m}_x = \frac{1}{3}\left\{ \begin{bmatrix} 1 \\ 0 \\ 0 \end{bmatrix} + \begin{bmatrix} 1 \\ 1 \\ 0 \end{bmatrix} + \begin{bmatrix} 1 \\ 0 \\ 1 \end{bmatrix} \right\} = \frac{1}{3}\begin{bmatrix} 3 \\ 1 \\ 1 \end{bmatrix}$$

由 $\boldsymbol{C}_x = \dfrac{1}{M}\displaystyle\sum_{k=1}^{M} \boldsymbol{x}_k\boldsymbol{x}_k^{\mathrm{T}} - \boldsymbol{m}_x\boldsymbol{m}_x^{\mathrm{T}}$ 得

$$\boldsymbol{C}_x = \frac{1}{3}\begin{bmatrix} 1 \\ 0 \\ 0 \end{bmatrix}[1,0,0] + \frac{1}{3}\begin{bmatrix} 1 \\ 1 \\ 0 \end{bmatrix}[1,1,0] + \frac{1}{3}\begin{bmatrix} 1 \\ 0 \\ 1 \end{bmatrix}[1,0,1] - \frac{1}{3}\begin{bmatrix} 3 \\ 1 \\ 1 \end{bmatrix}\frac{1}{3}[3,1,1]$$

$$= \frac{1}{3}\begin{bmatrix} 3 & 1 & 1 \\ 1 & 1 & 0 \\ 1 & 0 & 1 \end{bmatrix} - \frac{1}{9}\begin{bmatrix} 9 & 3 & 3 \\ 3 & 1 & 1 \\ 3 & 1 & 1 \end{bmatrix} = \frac{1}{9}\begin{bmatrix} 0 & 0 & 0 \\ 0 & 2 & -1 \\ 0 & -1 & 2 \end{bmatrix}$$

题 3.17　设二元素随机向量 $\boldsymbol{X}$ 的 4 个样本为

$$\boldsymbol{x}_1 = \begin{bmatrix} -2 \\ 0 \end{bmatrix}, \quad \boldsymbol{x}_2 = \begin{bmatrix} -1 \\ 1 \end{bmatrix}, \quad \boldsymbol{x}_3 = \begin{bmatrix} 1 \\ 3 \end{bmatrix}, \quad \boldsymbol{x}_4 = \begin{bmatrix} 2 \\ 4 \end{bmatrix}$$

求其 K-L 变换。

解答　根据公式 $\boldsymbol{m}_x \approx \dfrac{1}{4}\displaystyle\sum_{i=1}^{4} \boldsymbol{x}_i$，可得均值矢量

$$\boldsymbol{m}_x = \frac{1}{4}\left\{\begin{bmatrix} -2 \\ 0 \end{bmatrix} + \begin{bmatrix} -1 \\ 1 \end{bmatrix} + \begin{bmatrix} 1 \\ 3 \end{bmatrix} + \begin{bmatrix} 2 \\ 4 \end{bmatrix}\right\} = \begin{bmatrix} 0 \\ 2 \end{bmatrix}$$

根据公式

$$\boldsymbol{C}_x \approx \frac{1}{L}\sum_{i=1}^{L}(\boldsymbol{x}_i - \boldsymbol{m}_x)(\boldsymbol{x}_i - \boldsymbol{m}_x)^{\mathrm{T}} = \frac{1}{L}\left[\sum_{i=1}^{L}\boldsymbol{x}_i\boldsymbol{x}_i^{\mathrm{T}}\right] - \boldsymbol{m}_x\boldsymbol{m}_x^{\mathrm{T}}$$

可得协方差矩阵为

$$\boldsymbol{C}_x = \frac{1}{2}\begin{bmatrix} 5 & 5 \\ 5 & 5 \end{bmatrix}$$

由公式 $|C_x - \lambda_i I| = 0$ 得特征值

$$\lambda_1 = 5, \quad \lambda_2 = 0$$

进而得到特征向量

$$\boldsymbol{B} = \begin{bmatrix} 1 & 1 \\ 1 & -1 \end{bmatrix}$$

对 B 矩阵归一化后可以得到 K-L 变换的变换矩阵

$$\boldsymbol{A} = \begin{bmatrix} \dfrac{1}{\sqrt{2}} & \dfrac{1}{\sqrt{2}} \\ \dfrac{1}{\sqrt{2}} & -\dfrac{1}{\sqrt{2}} \end{bmatrix}$$

离散 K-L 变换可以表示为

$$\boldsymbol{g} = \boldsymbol{A}(\boldsymbol{x} - \boldsymbol{m}_x)$$

所以

$$g_1 = \begin{bmatrix} -2\sqrt{2} \\ 0 \end{bmatrix}, \quad g_2 = \begin{bmatrix} -\sqrt{2} \\ 0 \end{bmatrix}, \quad g_3 = \begin{bmatrix} \sqrt{2} \\ 0 \end{bmatrix}, \quad g_4 = \begin{bmatrix} 2\sqrt{2} \\ 0 \end{bmatrix}$$

第4章 图像增强

4.1 学习要点

4.1.1 图像增强的目的

图像增强就是改善图像,使图像主观上看起来更好的一种图像处理方法。虽然我们并不关心一幅图像的内容是什么,但是我们关心这幅图像是否可以得到改善。比如,是否能得到更多的细节,是否能去掉一些不想要的噪声或杂点,是否能使对比度变得更合适? 等等。

图像增强是为了达到以下两个目的:一是为了改善图像的视觉效果,提高图像的清晰度;二是为了增强感兴趣部分,以提高图像可懂度。

4.1.2 图像增强方法的分类

图像增强方法可以分为两大类:空域方法和频域方法。空域法是直接对图像的像素灰度值进行操作;频域法是在图像的变换域中,对图像的变换值进行操作,然后经逆变换获得所需的增强结果。

4.1.3 图像的灰度变换

灰度变换可以增大图像的动态范围,扩展图像的对比度,使图像特征变得明显。灰度变换包括灰度的线性变换与非线性变换。

4.1.4 直方图均衡化和规定化

灰度直方图是表示一幅图像灰度分布情况的统计图表,在一定程度上反映了图像的特点。

直方图均衡化是通过对原图像进行某种灰度映射变换,使其直方图变为均匀分布的一种灰度非线性变换方法。直方图均衡化以累积分布函数作为增强函数。

直方图规定化可以突出感兴趣灰度范围,即修正直方图使其具有要求的形式,是对直方图均衡化的一种有效扩展。由此可知,直方图均衡化是直方图规定化的一种特例,即规定直方图是均匀分布。

4.1.5 图像平滑

图像平滑的目的是为了去除或衰减图像中的噪声和假轮廓,它可以分为空域法和频域法。

1）空域法

图像平滑的空域法就是直接在空域对图像的像素灰度值进行处理，以达到滤除或衰减图像中噪声的目的。空域法主要包括基于平均的方法和中值滤波法。

邻域平均法是指用某点邻域的灰度平均值来代替该点的灰度值，常用的邻域为 4-邻域和 8-邻域。邻域平均法算法简单，处理速度快，但是在衰减噪声的同时会使图像产生模糊。

加阈值平均法通过加门限的方法来减少邻域平均法中所产生的模糊，门限要利用经验和多次试验来获得。这种方法对抑制椒盐噪声比较有效，同时也能较好地保护仅存微小变化差别的目标物细节。

加权平均法是指用邻域内灰度值及本点灰度的加权平均值来代替该点灰度值，这样既能平滑噪声，又能保证图像中的目标物边缘不至于模糊。

事实上，邻域平均法和加权平均法，都可归结到模板平滑法中。它们都可以看作是利用模板对图像进行处理的方法，而不同形式和不同结构的模板就会形成不同的图像处理方法。

多图像平均的方法可用来消减随机噪声。同一图像的 M 幅经多图像平均后，图像信号基本不变，而平均后图像中各点噪声的方差降为单幅图像中该点噪声方差的 $\frac{1}{M}$。

中值滤波是一种非线性滤波方法，它是对一个含有奇数个像素的滑动窗口内的各像素按灰度值大小进行排序，用其中的中间值作为窗口中心像素输出值的滤波方法；中值滤波可以克服线性滤波器所带来的图像细节模糊，对于脉冲干扰及椒盐噪声的抑制效果较好，但不太适合点、线、尖顶等细节较多的图像。

2）频域法

图像的边缘以及噪声干扰在图像的频域上都对应于高频信息，而图像的背景则对应于低频信息，因此可以利用频域的低通滤波方法来滤除图像的高频成分，达到衰减噪声、平滑图像的目的，但同时也会损失边缘等有用的高频信息，而使图像变模糊。

4.1.6　图像锐化

图像锐化处理的主要目的是为了突出图像中的细节，增强图像中的边缘、轮廓以及灰度突变部分。锐化技术有空域法和频域法两种。

1）空域法

由于偏导数的平方和运算具有各向同性，使用此类运算将是进行图像锐化的一种方法。较常使用的空域锐化方法为拉普拉斯锐化法和模板锐化法。

2）频域法

频域中的锐化技术可以采用高通提升滤波法。即让低频通过，而将高频提升，以达到增强图像中高频信息的目的，实现图像的锐化。

4.1.7 图像的同态增晰

同态增晰是一种在频域中压缩图像的亮度分量，同时增强图像对比度的方法。该方法的关键是可以将照明分量和反射分量分开来，从而有可能用同态滤波函数分别对它们进行压缩和提升处理，以使图像整体变清晰。

4.1.8 图像的彩色增强

人眼能分辨的灰度级介于十几级到二十几级之间，但是却可以分辨上千种不同的颜色。因此利用这一视觉特性，将灰度图像变成彩色图像或者改变已有彩色的分布，都可以改变图像的可分辨性。一般采用的彩色增强方法可以分为伪彩色增强法、假彩色增强法和真彩色图像增强法。

4.2 难点和重点

4.2.1 直方图均衡化和规定化

直方图是一个非常重要的图像处理工具，在其他图像处理手段中也会经常用到。进行直方图均衡化可以显著增强图像的对比度，但是需要注意图像中的噪声也会显著增强，这是我们所不希望看到的，所以在应用直方图均衡化的时候经常需要与其他手段相结合。

直方图规定化可以使图像按照我们所希望的灰度分布进行增强，从这个意义来讲，直方图均衡化是直方图规定化的特例，即规定直方图是均匀分布。

4.2.2 图像中的噪声及其滤除方法

图像中都包含有噪声，尤其是经过对比度增强等处理后，其中的噪声也相应被增强，因此必须对图像进行降噪处理，降噪的方法取决于给定图像中噪声的类型。

噪声有很多种，但可以分为加性噪声（additive noise）和乘性噪声（multiplicative noise）两大类。光照不均匀变化就是乘性噪声的一个例子，可以通过同态滤波（homomorphic filter）的方法，把相乘的分量转化为相加的分量，降低低频增加高频，从而减少光照变化并锐化边缘或细节。加性噪声通常表现为脉冲噪声（impulse noise）或高斯噪声（Gaussian noise）。

脉冲噪声随机改变一些像素值，在二值图像中表现为使一些像素点变白，或使一些像素点变黑，所以也称为椒盐噪声（salt and pepper noise）。零均值的加性高斯噪声是指将一个由零均值的高斯概率密度函数刻画的噪声加到每个像素中。

图像中最普通的噪声就是高斯噪声,可以采用图像平滑达到去除高斯噪声的目的。平滑滤波在空域表现为平均的方法,主要是降低噪声的方差。在频域等效为低通滤波,以滤除噪声(高频),保留信号(低频),但同时也抑制了高频信号。

作为一种非线性滤波方法,中值滤波可以在一定条件下克服线性滤波器所带来的图像细节模糊,对于脉冲干扰及椒盐噪声的抑制效果较好,但不太适合点、线、尖顶等细节较多的图像。并且中值滤波器具有一些重要的特性,这些特性在图像平滑中具有很重要的作用。

4.2.3 图像锐化的实质

图像锐化就是希望增强图像中的边缘(细节)信息,即对边缘信息进行增强。由此可知,锐化的实质就是原图像加上增强(加重)的边缘。因此,第7章介绍的图像边缘检测方法,都可用来形成图像的锐化方法。

4.2.4 彩色图像的增强

我们在第 1 章曾经介绍过,对于彩色图像可利用三基色原理,将其变成三个基色分量,再按照灰度图像的处理方法,分别对彩色的各分量图像进行处理,再合成为彩色图像。但实际处理时,彩色图像常用 RGB 模型表示,如果直接对三个分量(如 R、G 和 B)图像分别进行处理,其处理过程中很可能会引起三个量不同程度的变化,从而很可能带来颜色上很大程度的扭曲(颜色种类的改变)。因此,需要先将RGB 模型转化为 HSI 模型,得到相关性较小的色调、色饱和度和亮度,然后仅对其中的亮度分量进行处理,再转化为 RGB 模型,这样就可以避免由于直接对 RGB分量进行处理时所产生的图像失真。

4.3　典　型　例　题

例 4.1　高斯型低通滤波器在频域中的传递函数为

$$H(u,v) = A\exp[-(u^2+v^2)/2\sigma^2]$$

证明其空间域的相应滤波器形式为

$$h(x,y) = A\sqrt{2\pi}\,\sigma\exp[-2\pi^2\sigma^2(x^2+y^2)]$$

证明　u^2+v^2 相当于频域中点 (u,v) 至原点的距离,设为 $D^2(u,v)$。定义如下关系:

$$\omega^2 = D^2(u,v) = (u^2+v^2)$$

这样

$$H(\omega) = A\exp(-\omega^2/2\sigma^2)$$

其傅里叶反变换为

$$h(z) = A\int_{-\infty}^{+\infty} H(\omega)\exp(\mathrm{j}2\pi\omega z)\mathrm{d}\omega$$

$$= A\int_{-\infty}^{+\infty} \exp(-\omega^2/2\sigma^2)\exp(\mathrm{j}2\pi\omega z)\mathrm{d}\omega$$

$$= A\exp[-(2\pi)^2 z^2\sigma^2/2]\int_{-\infty}^{+\infty}\exp[-(\omega^2-\mathrm{j}4\pi^2\sigma^2\omega z-4\pi^2\sigma^4 z^2)/2\sigma^2]\mathrm{d}\omega$$

$$= A\exp[-(2\pi)^2 z^2\sigma^2/2]\int_{-\infty}^{+\infty}\exp[-(\omega-\mathrm{j}2\pi\sigma^2 z)^2/2\sigma^2]\mathrm{d}\omega$$

设 $r=\omega-\mathrm{j}2\pi\sigma^2 z$,则上式变为

$$h(z) = A\exp[-(2\pi)^2 z^2\sigma^2/2]\int_{-\infty}^{+\infty}\exp(-r^2/2\sigma^2)\mathrm{d}r$$

$$= A\sqrt{2\pi}\,\sigma\exp[-(2\pi)^2 z^2\sigma^2/2]\left[\frac{1}{\sqrt{2\pi}\,\sigma}\int_{-\infty}^{+\infty}\exp(-r^2/2\sigma^2)\mathrm{d}r\right]$$

显然,中括号内的项表示高斯分布在 $(-\infty,\infty)$ 上的积分,其值为 1,所以

$$h(z) = A\sqrt{2\pi}\,\sigma\exp[-2\pi^2\sigma^2 z^2]$$

用 (x,y) 代替 z 得

$$h(x,y) = A\sqrt{2\pi}\,\sigma\exp[-2\pi^2\sigma^2(x^2+y^2)]$$

例 4.2 从 Butterworth 低通滤波器出发推导其对应的高通滤波器。

解答 根据低通滤波器与其对应的高通滤波器之间的互补性,得

$$H_{\mathrm{high}}(u,v) = 1-H_{\mathrm{low}}(u,v) = 1-\frac{1}{1+[D(u,v)/D_0]^{2n}}$$

$$= \frac{1}{1+[D_0/D(u,v)]^{2n}}$$

例 4.3 试证明空域平滑法(如 Laplacian 8 邻平滑模板)等效于频域低通滤波器。

证明 若选用平滑模板

$$M = \frac{1}{9}\begin{bmatrix} 1 & 1 & 1 \\ 1 & 1 & 1 \\ 1 & 1 & 1 \end{bmatrix}$$

则其空域表达式为

$$g(m,n) = \frac{1}{9}\big[f(m-1,n-1)+f(m-1,n)+f(m-1,n+1)+f(m,n-1)+f(m,n)$$

$$+f(m,n+1)+f(m+1,n-1)+f(m+1,n)+f(m+1,n+1)\big]$$

Z 变换后有

$$G(z_m,z_n) = \frac{1}{9}\big[z_m^{-1}z_n^{-1}+z_m^{-1}+z_m^{-1}z_n+z_n^{-1}+z_n+z^m+z_m z_n^{-1}+z_m z_n+1\big]F(z_m z_n)$$

$$= \frac{1}{9}(1+z_m+z_m^{-1})(1+z_n+z_n^{-1})F(z_m,z_n)$$

所以

$$H(z_m, z_n) = \frac{G(z_m, z_n)}{F(z_m, z_n)} = \frac{1}{9}(1 + z_m + z_m^{-1})(1 + z_n + z_n^{-1})$$

将 $z_m = \mathrm{e}^{j\omega m}$ 和 $z_n = \mathrm{e}^{j\omega n}$ 代入上式,得到其系统函数(傅里叶表达式)为

$$H(\omega_m, \omega_n) = \frac{1}{9}(1 + 2\cos\omega_m)(1 + 2\cos\omega_n)$$

对上式,当 $\omega_m = \omega_n = 0$ 时,$|H|_{\max} = 1$,说明处理前后图像的平均灰度值不变;而当 ω_m 或 $\omega_n = \frac{2}{3}\pi$ 时,$|H|_{\min} = 0$,说明高频被抑制。

$|H(\omega_m, \omega_n)|$ 的示意图如图 4.1 所示,其结果为一低通滤波器。

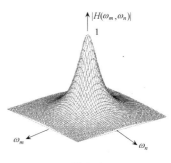

图 4.1

4.4 示 例 程 序

例 4.4 对一幅图像进行灰度的线性变换,编程实现图 4.1.3(见《数字图像处理(第二版)》)的效果。

解答 (1) 对原图像 $f(m, n)$ 进行扩展动态范围的灰度线性变换,结果为 $g(m, n)$,运行结果如图 4.2(a)所示。所用变换函数为

$$g(m, n) = c + k[f(m, n) - a]$$

其中,$a = 96, b = 160, c = 60, d = 224$,线性变换函数的斜率为

$$k = \frac{d - c}{b - a}$$

(2) 对原图像 $f(m, n)$ 进行取反的灰度线性变换,结果为 $g(m, n)$,运行结果如图 4.2(b)所示。所用变换函数为

$$g(m, n) = M - f(m, n)$$

其中,$M = 255$。

(3) 对原图像 $f(m, n)$ 进行有压有扩的灰度分段线性变换,结果为 $g_3(m, n)$,运行结果如图 4.2(c)所示。所用变换函数为

$$g(m, n) = \begin{cases} \dfrac{c}{a}f(m, n), & 0 \leqslant f(m, n) < a \\ c + \dfrac{d - c}{b - a}[f(m, n) - a], & a \leqslant f(m, n) \leqslant b \\ d + \dfrac{N - d}{M - b}[f(m, n) - b], & b < f(m, n) \leqslant M \end{cases}$$

其中,$M = N = 255$。

Matlab 源程序如下:

```
clear all
```

```matlab
close all;

%     打开图像文件,显示原图像
size = 256;
fid = fopen('e:/img/lena.img','r');
f = zeros(size);
f = (fread(fid,[size,size],'uint8'))';
fclose(fid);


%     figure(1);
subplot(2,2,1);
imagesc(f,[0 255]);
colormap(gray);
axis image;
xlabel('(a)原图像');
a = 96;
b = 160;
c = 60;
d = 224;
M = 255;
N = 255;


%     (1)对原图像扩展动态范围,显示结果
k = (d - c)/(b - a);
for i = 1:256
    for j = 1:256
        g1(i,j) = c + k * (f(i,j) - a);
    end
end

subplot(2,2,2);
imagesc(g1,[0 255]);
colormap(gray);
axis image;
xlabel('(b) 扩展动态范围');
```

```
%    (2) 对原图像取反,显示结果
for m = 1:256
    for n = 1:256
        g2(m,n) = M - f(m,n);
    end
end

subplot(2,2,3);
imagesc(g2,[0 255]);
colormap(gray);
axis image;
xlabel('(c)图像取反');

%    (3) 对原图像进行分段线性(有扩有压)变换,显示结果
for i = 1:256
    for j = 1:256
        if f(i,j) < a
            g3(i,j) = c * (f(i,j))/a;
        elseif f(i,j) > = b
            g3(i,j) = (N - d) * (f(i,j) - b)/(M - b) + d;
        else
            g3(i,j) = (d - c) * (f(i,j) - a)/(b - a) + c;
        end
    end
end

subplot(2,2,4);
imagesc(g3,[0 255]);
colormap(gray);
axis image;
xlabel('(d) 有扩有压');
```

程序运行结果如图 4.2 所示。

例 4.5 对一亮块图像进行傅里叶变换,中心化其频谱,并进行对数变换。编程实现图 4.1.4(见《数字图像处理(第二版)》)的效果。

解答 (1) 产生图 4.1.4(a)所示的原图像 $f(m,n)$。

(2) 对产生的图像进行 FFT,并求其中心化的频谱 $F_1(u,v)$。

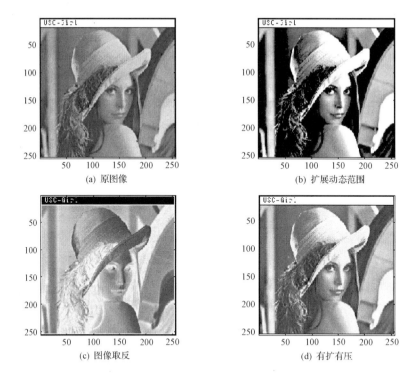

(a) 原图像   (b) 扩展动态范围

(c) 图像取反   (d) 有扩有压

图 4.2

（3）对中心化后的频谱进行对数变换：$F_2(u,v) = \lg[1 + F_1(u,v)]$。

Matlab 源程序如下：

```
%      (1) 产生并显示亮块图像 f(m,n)
clear all close all;
col = 128;
f = zeros(col);
for i = 29:98,
    for j = 57:70
        f(i,j) = 255;
    end
end

figure(1);
subplot(1,3,1);
imagesc(f,[0 255]);
axis image;
```

```
colormap(gray);
xlabel('(a)原图像');
```

```
%      (2) 对 f1 进行 FFT,求其中心化频谱 F1(u,v)
F1 = fftshift(fft2(f));
figure(1)
subplot(1,3,2);
imshow(abs(F1),[]);
xlabel('(b)图像的傅里叶谱');
```

```
%      (3) 对 F1 进行对数变换
F2 = log(1+abs(F1));
figure(1)
subplot(1,3,3);
imshow(F2,[]);
xlabel('(c)傅里叶谱的对数变换');
```
程序运行结果如图 4.3 所示。

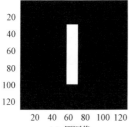 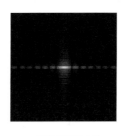 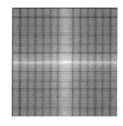

(a) 原图像   (b) 图像的傅里叶谱   (c) 傅里叶谱的对数变换

图 4.3

    例 4.6　对一幅图像进行指数变换,编程实现图 4.1.5(见《数字图像处理(第二版)》)的效果。

    解答　(1) 打开并显示设定图像 $f_1(m,n)$。

    (2) 对图像 $f_1(m,n)$ 进行指数变换

$$f_2(m,n) = \lambda\big[f_1(m,n)+\varepsilon\big]^\gamma$$

其中,$\lambda=1,\varepsilon=0,\gamma=0.7$。

    (3) 对图像 $f_1(m,n)$ 进行指数变换

$$f_2(m,n) = \lambda\big[f_1(m,n)+\varepsilon\big]^\gamma$$

其中,$\lambda=1,\varepsilon=0,\gamma=1.7$。

    Matlab 源程序如下:

```
clear all
close all;

%       (1) 打开图像文件,显示原图像
size = 256;
fid = fopen('e:/img/lena. img','r');
f1 = zeros(size);
f1 = (fread(fid,[size,size],'uint8'))';
fclose(fid);
figure(1);
subplot(1,3,1);
imagesc(f1,[0 255]);
colormap(gray);
axis image;
xlabel('(a) 原图像');

%       (2) 对原图像进行指数变换
gamma1 = 0. 7;
for m = 1:256
    for n = 1:256
        f2(m,n) = 256 * (f1(m,n)/256).^gamma1;
    end
end
subplot(1,3,2);
imagesc(f2,[0 255]);
colormap(gray);
axis image;
xlabel('(b) γ = 0. 7');

%       (3) 对原图像进行指数变换
gamma2 = 1. 7;
for m = 1:256
    for n = 1:256
        f3(m,n) = 256 * (f1(m,n)/256).^gamma2;
    end
end
```

```
subplot(1,3,3);
imagesc(f3,[0 255]);
colormap(gray);
axis image;
xlabel('(c) γ=1.7');
```
程序运行结果如图4.4所示。

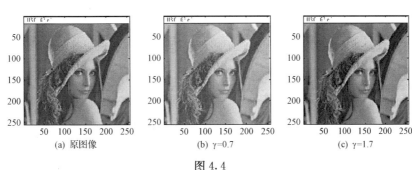

(a) 原图像   (b) γ=0.7   (c) γ=1.7

图 4.4

例 4.7 参照图 4.2.2(见《数字图像处理(第二版)》),分别选用较暗、动态范围较窄和较亮的三幅图像,进行直方图均衡化处理,实现图 4.2.4(见《数字图像处理(第二版)》)的效果。

解答 Matlab 源程序如下:

```
clc;
clear all
close all;

%    (1)较暗图像及其直方图均衡化
f1 = imread('e:/bmp/elaindark.bmp');
figure(1);
subplot(2,2,1);
imshow(f1);
title('(a)原图像');

subplot(2,2,2);
imhist(f1);
axis off;
title('(b)原图像的直方图');

f2 = histeq(f1);
subplot(2,2,3);
```

```
imshow(f2);
title('(c)直方图均衡化后的图像');

subplot(2,2,4);
imhist(f2);
axis off;
title('(d)均衡化后的直方图');

%      (2)动态范围窄的图像及其直方图均衡化
f1 = imread('e:/bmp/elainnarrow.bmp');
figure(2);
subplot(2,2,1);
imshow(f1);
title('(a)原图像');

subplot(2,2,2);
imhist(f1);
axis off;
title('(b)原图像的直方图');

f2 = histeq(f1);
subplot(2,2,3);
imshow(f2);
title('(c)直方图均衡化后的图像');

subplot(2,2,4);
imhist(f2);
axis off;
title('(d)均衡化后的直方图');

%      (3)较亮图像及其直方图均衡化
f1 = imread('e:/bmp/elainbright.bmp');
figure(3);
subplot(2,2,1);
imshow(f1);
title('(a)原图像');
```

```
subplot(2,2,2);
imhist(f1);
axis off;
title('(b)原图像的直方图');

f2 = histeq(f1);
subplot(2,2,3);
imshow(f2);
title('(c)直方图均衡化后的图像');

subplot(2,2,4);
imhist(f2);
axis off;
title('(d)均衡化后的直方图');
```

程序运行结果如下：

(1) 较暗图像及其直方图均衡化结果如图 4.5 所示。

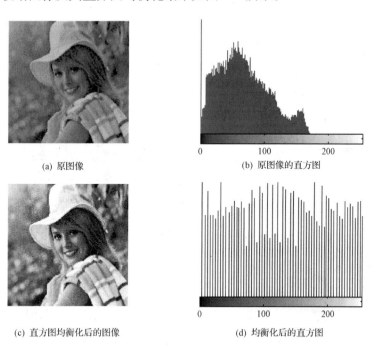

(a) 原图像   (b) 原图像的直方图

(c) 直方图均衡化后的图像   (d) 均衡化后的直方图

图 4.5

(2) 动态范围窄的图像及其直方图均衡化结果如图 4.6 所示。

(a) 原图像

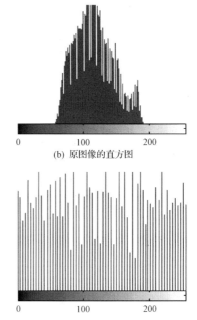

(b) 原图像的直方图

(c) 直方图均衡化后的图像

(d) 均衡化后的直方图

图 4.6

（3）较亮图像及其直方图均衡化结果如图 4.7 所示。

(a) 原图像

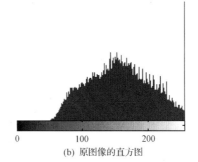

(b) 原图像的直方图

(c) 直方图均衡化后的图像

(d) 均衡化后的直方图

图 4.7

例 4.8 参照图 4.2.7(见《数字图像处理(第二版)》),选用两幅较暗图像,对其进行直方图规定化处理,实现图 4.2.7(见《数字图像处理(第二版)》)的效果。

解答 Matlab 源程序如下:

```
function Func = Fig427()
clc;
clear all close all;

%      (1)第一幅较暗图像及其直方图规定化
f1 = imread('e:/bmp/lena.bmp');
f1 = rgb2gray(f1);
figure(1);
subplot(2,2,1);
imshow(f1);
title('(a)原图像');

subplot(2,2,2);
imhist(f1);
axis off;
title('(b)原图像的直方图');

hist = twomodegauss(0.15,0.01,0.75,0.07,1,0.5,0.002);
f2 = histeq(f1,hist);
subplot(2,2,3);
imshow(f2);
title('(c)规定化后的图像');

subplot(2,2,4);
imhist(f2);
axis off;
title('(d)规定直方图');

%      (2)第二幅较暗图像及其直方图规定化
f1 = imread('e:/bmp/liondark.bmp');
figure(2);
subplot(2,2,1);
imshow(f1);
```

```
title('(a)原图像');

subplot(2,2,2);
imhist(f1);
axis off;
title('(b)原图像的直方图');

hist = twomodegauss(0.15,0.01,0.75,0.07,1,0.5,0.002);
f2 = histeq(f1,hist);
subplot(2,2,3);
imshow(f2);
title('(c)规定化后的图像');

subplot(2,2,4);
imhist(f2);
axis off;
title('(d)规定直方图');

function p = twomodegauss(m1,sig1,m2,sig2,A1,A2,k)
```

%　　该函数产生[0,1]内的双峰高斯函数,其均值和标准差分别为(m1,
　　　sig1)和(m2,sig2),振幅分别为 A1 和 A2。其中,P 是一个由 256 个元
　　　素组成的归一化矢量,SUM(P)的值为 1;k 是一个补偿量。最佳参数值
　　　为:m1 = 0.15,sig1 = 0.05,m2 = 0.75,sig2 = 0.05,A1 = 1,A2 = 0.07,
　　　k = 0.002

```
c1 = A1 * (1/((2 * pi)^0.5) * sig1);
k1 = 2 * (sig1^2);
c2 = A2 * (1/((2 * pi)^0.5) * sig2);
k2 = 2 * (sig2 * 2);
z = linspace(0,1,256);
p = k + c1 * exp( - ((z - m1).^2). /k1) + c2 * exp( - ((z - m2).^2). /k2);
p = p. /sum(p(:));
```

运行结果如下:

(1) 第一幅较暗图像及其直方图规定化结果如图 4.8 所示。

(2) 第二幅较暗图像及其直方图规定化结果如图 4.9 所示。

例 4.9　选择一幅图像,加入高斯白噪声后,对其进行 4 邻和 8 邻平均滤波处理,实现图 4.3.3(见《数字图像处理(第二版)》)的效果。

(a) 原图像

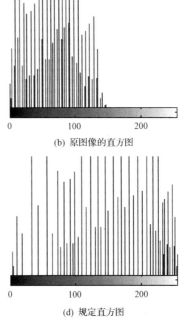

(b) 原图像的直方图

(c) 规定化后的图像

(d) 规定直方图

图 4.8

(a) 原图像

(b) 原图像的直方图

(c) 规定化后的图像

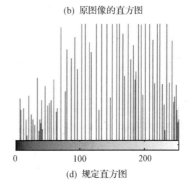

(d) 规定直方图

图 4.9

解答 Matlab 源程序如下：

```
clear all close all;

f = imread('e:/png/coins.png');
subplot(1,4,1);
imshow(f);
xlabel('(a) 原图像');

%      图像加噪并显示加噪图像,高斯白噪声 m = 0, σ = 0.005
f0 = imnoise(uint8(f),'gaussian',0,0.005);
subplot(1,4,2);
imshow(f0);
xlabel('(b) 加噪图像');
axis image;

h1 = [0 1 0;1 1 1;0 1 0]/5;
f1 = imfilter(f0,h1,'symmetric','conv');
subplot(1,4,3);
imshow(f1);
xlabel('(c) 4-邻平均滤波');

h2 = [1 1 1;1 1 1;1 1 1]/8;
f2 = imfilter(f0,h2,'symmetric','conv');
subplot(1,4,4);
imshow(f2);
xlabel('(d) 8-邻平均滤波');
```

程序运行结果如图 4.10 所示。

(a) 原图像   (b) 加噪图像   (c) 4-邻平均滤波   (d) 8-邻平均滤波

图 4.10

例 4.10 选择一幅图像,加入高斯白噪声后形成多幅含噪图像,然后对其进行多图像平均滤波,实现图 4.3.4(见《数字图像处理(第二版)》)的效果。

解答 选择一幅图像,加入高斯白噪声后,形成 4 幅、8 幅和 16 幅含噪声图像,分别对其进行 4 幅、8 幅和 16 幅图像平均滤波。

Matlab 程序如下:

```
clear all close all;

f0 = imread('e:/bmp/peppers. bmp');
figure(1);
subplot(2,3,1);
imshow(uint8(f0));
xlabel('原图像');

f1 = double(imnoise(f0,'gaussian',0,0.02));
subplot(2,3,3);
imshow(uint8(f1));
xlabel('(a) 加噪声图像');

f2 = double(imnoise(f0,'gaussian',0,0.02));
f3 = double(imnoise(f0,'gaussian',0,0.02));
f4 = double(imnoise(f0,'gaussian',0,0.02));
fnew1 = (f1 + f2 + f3 + f4)/4;
subplot(2,3,4);
imshow(uint8(fnew1));
xlabel('(b) 4 幅图像平均');

f5 = double(imnoise(f0,'gaussian',0,0.02));
f6 = double(imnoise(f0,'gaussian',0,0.02));
f7 = double(imnoise(f0,'gaussian',0,0.02));
f8 = double(imnoise(f0,'gaussian',0,0.02));
fnew2 = (f1 + f2 + f3 + f4 + f5 + f6 + f7 + f8)/8;
subplot(2,3,5);
imshow(uint8(fnew2));
xlabel('(c) 8 幅图像平均');

f9 = double(imnoise(f0,'gaussian',0,0.02));
f10 = double(imnoise(f0,'gaussian',0,0.02));
f11 = double(imnoise(f0,'gaussian',0,0.02));
```

```
f12 = double(imnoise(f0,´gaussian´,0,0.02));
f13 = double(imnoise(f0,´gaussian´,0,0.02));
f14 = double(imnoise(f0,´gaussian´,0,0.02));
f15 = double(imnoise(f0,´gaussian´,0,0.02));
f16 = double(imnoise(f0,´gaussian´,0,0.02));
fnew3 = (fnew2 + (f9 + f10 + f11 + f12 + f13 + f14 + f15 + f16)/8)/2;
subplot(2,3,6);
imshow(uint8(fnew3));
xlabel(´(d) 16 幅图像平均´);
```

程序运行结果如图 4.11 所示。

原图像   (a) 加噪声图像

(b) 4幅图像平均   (c) 8幅图像平均   (d) 16幅图像平均

图 4.11

例 4.11　选择一幅图像,对其进行不同截止频率的理想低通滤波,实现图 4.3.8(见《数字图像处理(第二版)》)的效果。

解答　选择一幅图像,对其进行截止频率半径分别为 15、30 和 80 的理想低通滤波。

Matlab 源程序如下:

```
function Func = Fig438()
clear all close all;
f0 = imread(´testpat1.png´);        %     利用 Matlab 自带图像
F = fft2(double(f0));
[M N] = size(F);
figure(1);
```

```
subplot(2,2,1);
imshow(f0);
xlabel('(a)原图像');

%    理想低通滤波,截止频率半径 D0 = 15
D0 = 15;
H1 = lpfilter('ideal',M,N,D0,2);
G1 = F. * H1;
f1 = real(ifft2(G1));
subplot(2,2,2);
imshow(uint8(f1));
xlabel('(b) 截止频率半径 = 15');

%    理想低通滤波,截止频率半径 D0 = 30
D0 = 30;
H1 = lpfilter('ideal',M,N,D0,2);
G1 = F. * H1;
f1 = real(ifft2(G1));
subplot(2,2,3);
imshow(uint8(f1));
xlabel('(c) 截止频率半径 = 30');

%    理想低通滤波,截止频率半径 D0 = 80
D0 = 80;
H1 = lpfilter('ideal',M,N,D0,2);
G1 = F. * H1;
f1 = real(ifft2(G1));
subplot(2,2,4);
imshow(uint8(f1));
xlabel('(d) 截止频率半径 = 80');

function [H, D] = lpfilter(type,M,N,D0,nn)
%    LPFILTER 为低通滤波器
%    H = LPFILTER(TYPE,M,N,D0,n),计算低通滤波器的转移函数,H 的类型
     由 TYPE 决定,大小为 M×N。滤波器的输入是一幅图像或点阵图,采用
     H = fftshift(H)进行中心化
```

% 对于不同类型的滤波器,D0 和 n 的有效值为
  "ideal":理想低通滤波器的截止频率半径为D0,不需要n值,D0 必须是
  正值;
  "btw":截止频率半径为D0 的 n 阶巴特沃斯低通滤波器,n 的缺省值为
  1.0,D0 必须为正值;
  "gaussian":截止频率半径(标准差)为D0 的高斯低通滤波器,不需要 n
  值,D0 必须为正值
% dftuv 函数用来建立矩阵,该矩阵在计算距离 D(U,V)时要用到
[U, V] = dftuv(M, N);

% 计算频域原点到点(U,V)的距离 D(U,V)
D = sqrt(U. ^2 + V. ^2);
a = log(1/sqrt(2));

% 滤波开始
switch type
    case ´ideal´
        H = double(D < = D0);
    case ´btw´
        if nargin = = 4
            nn = 1;
        end
        H = 1. /(1 + (sqrt(2) - 1) * (D. /D0).^(2 * nn));
    case ´exponential´
        H = exp(a * ((D. /D0).^nn));
    otherwise
        error(´Unknown filter type.´)
end

function [U,V] = dftuv(M,N)
% DETUV 用来计算频域矩阵,U 和 V 都是 M × N 阶

% 设置变量 U 和 V 的范围
U = 0:(M - 1);
V = 0:(N - 1);

%   计算矩阵使用的索引值

idx = find(U > M/2);

U(idx) = U(idx) - M;

idy = find(V > N/2);

V(idy) = V(idy) - N;

%   计算点阵矩阵

[V,U] = meshgrid(V,U);

程序运行结果如图 4.12 所示。

(a) 原图像

(b) 截止频率半径=15

(c) 截止频率半径=30

(d) 截止频率半径=80

图 4.12

例 4.12   选择一幅图像,对其进行不同截止频率的 Butterworth 低通滤波,实现图 4.3.11(见《数字图像处理(第二版)》)的效果。

解答   选择一幅图像,对其进行截止频率半径分别为 15、30 和 80 的 Butterworth 低通滤波。

Matlab 程序如下:

function Func = Fig4311()

clc

clear all close all;

```matlab
f0 = imread('testpat1.png');        %    利用 Matlab 自带图像
F = fft2(double(f0));
[M N] = size(F);
subplot(2,2,1);
imshow(f0);
xlabel('(a)原图像');


%       Butterworth 低通滤波,截止频率半径 D0 = 15
nn = 2;
D0 = 15;
H1 = lpfilter('btw',M,N,D0,nn);
G1 = F. * H1;
f1 = real(ifft2(G1));
subplot(2,2,2);
imshow(uint8(f1));
xlabel('(b) 截止频率半径 = 15');


%       Butterworth 低通滤波,截止频率半径 D0 = 30
D0 = 30;
H1 = lpfilter('btw',M,N,D0,nn);
G1 = F. * H1;
f1 = real(ifft2(G1));
subplot(2,2,3);
imshow(uint8(f1));
xlabel('(c) 截止频率半径 = 30');


%       Butterworth 低通滤波,截止频率半径 D0 = 80
D0 = 80;
H1 = lpfilter('btw',M,N,D0,nn);
G1 = F. * H1;
f1 = real(ifft2(G1));
subplot(2,2,4);
imshow(uint8(f1));
xlabel('(d) 截止频率半径 = 80');


function [H, D] = lpfilter(type,M,N,D0,nn)
```

```
%       LPFILTER 为低通滤波器
%       H = LPFILTER(TYPE,M,N,D0,n),计算低通滤波器的转移函数,H 的类型
        由 TYPE 决定,大小为 M×N。滤波器的输入是一幅图像或点阵图,采用
        H = fftshift(H)进行中心化
%       对于不同类型的滤波器,D0 和 n 的有效值为
        "ideal":理想低通滤波器的截止频率半径为 D0,不需要 n 值,D0 必须
        是正值;
        "btw":截止频率半径为 D0 的 n 阶巴特沃斯低通滤波器,n 的缺省值为
        1.0,D0 必须为正值;
        "gaussian":截止频率半径(标准差)为 D0 的高斯低通滤波器,不需要
        n 值,D0 必须为正值
%       dftuv 函数用来建立矩阵,该矩阵在计算距离 D(U,V)时要用到
[U, V] = dftuv(M, N);

%       计算频域原点到点 D(U,V)的距离 D(U,V)
D = sqrt(U. ^2 + V. ^2);
a = log(1/sqrt(2));

%       滤波开始
switch type
    case 'ideal'
        H = double(D < = D0);
    case 'btw'
        if nargin = = 4
            nn = 1;
        end
        H = 1. /(1 + (sqrt(2) - 1) * (D. /D0). ^(2 * nn));
    case 'exponential'
        H = exp(a * ((D. /D0). ^nn));
    otherwise
        error('Unknown filter type. ')
end

function [U,V] = dftuv(M,N)
%       DFTUV 用来计算频域矩阵,U 和 V 都是 M×N 阶
```

```
%     设置变量 U 和 V 的范围
U = 0:(M-1);
V = 0:(N-1);

%     计算矩阵使用的索引值
idx = find(U > M/2);
U(idx) = U(idx) - M;
idy = find(V > N/2);
V(idy) = V(idy) - N;

%     计算点阵矩阵
[V,U] = meshgrid(V,U);
```
程序运行结果如图 4.13 所示。

(a) 原图像

(b) 截止频率半径=15

(c) 截止频率半径=30

(d) 截止频率半径=80

图 4.13

例 4.13　选择一幅图像,对其进行不同截止频率的指数低通滤波,实现图 4.3.13(见《数字图像处理(第二版)》)的效果。

解答　选择一幅图像,对其进行截止频率半径分别为 15、30 和 80 的 Butterworth 低通滤波,$n=1$。

Matlab 源程序如下：

```
function Func = Fig4313()
clc
clear all close all;

f0 = imread('testpat1.png');        %    利用 Matlab 自带图像
F = fft2(double(f0));
[M N] = size(F);
subplot(2,2,1);
imshow(f0);
xlabel('(a)原图像');

%    指数低通滤波,截止频率半径 D0 = 15
D0 = 15;
nn = 1;
H1 = lpfilter('exponential',M,N,D0,nn);
G1 = F. * H1;
f1 = real(ifft2(G1));
subplot(2,2,2);
imshow(uint8(f1));
xlabel('(b) 截止频率半径 = 15');

%    指数低通滤波,截止频率半径 D0 = 30
D0 = 30;
H1 = lpfilter('exponential',M,N,D0,nn);
G1 = F. * H1;
f1 = real(ifft2(G1));
subplot(2,2,3);
imshow(uint8(f1));
xlabel('(c) 截止频率半径 = 30');

%    指数低通滤波,截止频率半径 D0 = 80
D0 = 80;
H1 = lpfilter('exponential',M,N,D0,nn);
G1 = F. * H1;
f1 = real(ifft2(G1));
```

```
subplot(2,2,4);
imshow(uint8(f1));
xlabel('(d) 截止频率半径 = 80');


function [H, D] = lpfilter(type,M,N,D0,nn)
%     LPFILTER 为低通滤波器
%     H = LPFILTER(TYPE,M,N,D0,n),计算低通滤波器的转移函数,H 的类型
      由 TYPE 决定,大小为 M×N。滤波器的输入是一幅图像或点阵图,采用
      H = fftshift(H)进行中心化
%     对于不同类型的滤波器,D0 和 n 的有效值为
      "ideal":理想低通滤波器的截止频率半径为 D0,不需要 n 值,D0 必须
      是正值;
      "btw":截止频率半径为 D0 的 n 阶巴特沃斯低通滤波器,n 的缺省值为
      1.0,D0 必须为正值;
      "gaussian":截止频率半径(标准差)为 D0 的高斯低通滤波器,不需要
      n 值,D0 必须为正值
%     dftuv 函数用来建立矩阵,该矩阵在计算距离 D(U,V)时要用到
[U, V] = dftuv(M, N);


%     计算频域原点到点(U,V)的距离 D(U,V)
D = sqrt(U.^2 + V.^2);
a = log(1/sqrt(2));


%     滤波开始
switch type
    case 'ideal'
        H = double(D<=D0);
    case 'btw'
        if nargin == 4
            n = 1;
        end
        H = 1./(1 + (sqrt(2)-1)*(D./D0).^(2*nn));
    case 'exponential'
        H = exp(a*((D./D0)^nn));
    otherwise
        error('Unknown filter type.')
```

end

```
function [U,V] = dftuv(M,N)
%       DFTUV 用来计算频域矩阵,U,V 都是 M×N 阶

%       设置变量 U 和 V 的范围
U = 0:(M - 1);
V = 0:(N - 1);

%       计算矩阵使用的索引值
idx = find(U > M/2);
U(idx) = U(idx) - M;
idy = find(V > N/2);
V(idy) = V(idy) - N;

%       计算点阵矩阵
[V,U] = meshgrid(V,U);
```

程序运行结果如图 4.14 所示。

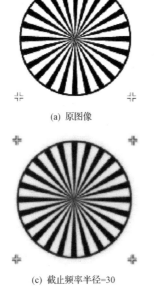

(a) 原图像

(b) 截止频率半径=15

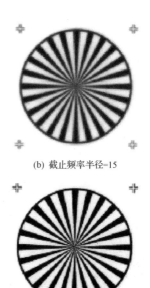

(c) 截止频率半径=30

(d) 截止频率半径=80

图 4.14

例 4.14 参照图 4.4.2(见《数字图像处理(第二版)》),选用两幅图像,进行 $\alpha=1$ 和 $\alpha=2$ 的锐化处理,实现图 4.4.2(见《数字图像处理(第二版)》)的效果。

解答 锐化所用模版为

$$W = \begin{bmatrix} 0 & -\alpha & 0 \\ -\alpha & 1+4\alpha & -\alpha \\ 0 & -\alpha & 0 \end{bmatrix}$$

(1) $\alpha=1$;

(2) $\alpha=2$。

Matlab 源程序如下(程序中 α 用 a 表示):

```
clear all close all;

f1 = imread('e:/bmp/lena1.bmp');
subplot(2,3,1);
imshow(f1);

a = 1;
G1 = [0 - a 0; - a 1 + 4 * a - a;0 - a 0];
f2 = imfilter(f1,G1,'symmetric','conv');
subplot(2,3,2);
imshow(f2);

a = 2;
G1 = [0 - a 0; - a 1 + 4 * a - a;0 - a 0];
f2 = imfilter(f1,G1,'symmetric','conv');
subplot(2,3,3);
imshow(f2);

f1 = imread('e:/bmp/442.bmp');
subplot(2,3,4);
imshow(f1);
xlabel('(a) 原图像');

a = 1;
G1 = [0 - a 0; - a 1 + 4 * a - a;0 - a 0];
f2 = imfilter(f1,G1,'symmetric','conv');
```

```
subplot(2,3,5);
imshow(f2);
xlabel('(b) a = 1 时的锐化结果');


a = 2;
G1 = [0 - a 0; - a 1 + 4 * a - a; 0 - a 0];
f2 = imfilter(f1,G1,'symmetric','conv');
subplot(2,3,6);
imshow(f2);
xlabel('(c) a = 2 时的锐化结果');
```
程序运行结果如图 4.15 所示。

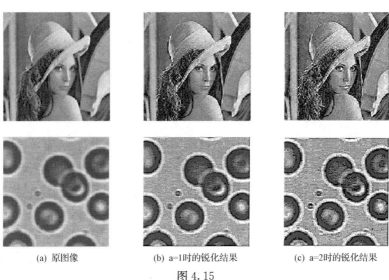

(a) 原图像   (b) a=1时的锐化结果   (c) a=2时的锐化结果

图 4.15

例 4.15 参照图 4.4.3(见《数字图像处理(第二版)》),选用一幅图像,验证教材中提出的图像锐化的实质,实现图 4.4.3(见《数字图像处理(第二版)》)的效果。

解答 锐化的实质为:锐化图像＝原图像＋加重的边缘。

Matlab 源程序如下:

```
clear all close all;


f = imread('e:/bmp/lena1.bmp');
subplot(1,3,1);
imshow(f);
xlabel('(a) 原图像');
```

```
a = 2;
G1 = [0 -a 0; -a 4*a -a; 0 -a 0];
f1 = imfilter(f,G1,'symmetric','conv');
subplot(1,3,2);
imshow(f1);
xlabel('(b) 加重的边缘');

a = 2;
G2 = [0 -a 0; -a 1+4*a -a; 0 -a 0];
f2 = imfilter(f,G2,'symmetric','conv');
subplot(1,3,3);
imshow(f2);
xlabel('(c) 锐化结果');
```
程序运行结果如图 4.16 所示。

 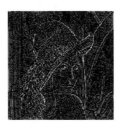 

(a) 原图像　　　　　　　(b) 加重的边缘　　　　　　　(c) 锐化结果

图 4.16

例 4.16 选择一幅图像,对其进行不同截止频率的理想高通滤波,实现图 4.4.7(见《数字图像处理(第二版)》)的效果。

解答 选择一幅图像,对其进行截止频率半径分别为 15、30 和 50 的理想高通滤波。

Matlab 源程序如下:

```
function Func = Fig447()
clear all close all;

f0 = imread('testpat1.png');        %    利用 Matlab 自带图像
F = fft2(double(f0));
[M N] = size(F);
figure(1);
subplot(2,2,1);
```

```
imshow(f0);
xlabel('(a)原图像');

%        理想高通滤波,截止频率半径 D0 = 15
nn = 2;
D0 = 15;
H1 = hpfilter('ideal',M,N,D0,nn);
G1 = F. * H1;
f1 = real(ifft2(G1));
subplot(2,2,2);
imshow(uint8(f1));
xlabel('(b) 截止频率半径 = 15');

%        理想高通滤波,截止频率半径 D0 = 30
D0 = 30;
H1 = hpfilter('ideal',M,N,D0,nn);
G1 = F. * H1;
f1 = real(ifft2(G1));
subplot(2,2,3);
imshow(uint8(f1));
xlabel('(c) 截止频率半径 = 30');

%        理想高通滤波,截止频率半径 D0 = 50
D0 = 50;
H1 = hpfilter('ideal',M,N,D0,nn);
G1 = F. * H1;
f1 = real(ifft2(G1));
subplot(2,2,4);
imshow(uint8(f1));
xlabel('(d) 截止频率半径 = 50');

function[H,D] = hpfilter(type,M,N,D0,nn)
[U, V] = dftuv(M, N);
D = sqrt(U.^2 + V.^2);

switch type
```

```
    case ´ideal´
        H = double(D>D0);
    case ´btw´
        if nargin = = 4
            nn = 1;
        end
        H = 1. /(1 + (sqrt(2) − 1) * (D0. /D). ^(2 * nn));
    case ´expotential´
        H = exp(log(1/sqrt(2)) * (D0. /D). ^nn);
    otherwise
        error(´unkown filter type´)
end


function [U,V] = dftuv(M,N)
%    DFTUV 用来计算频域矩阵,U 和 V 都是 M×N 阶

%    设置 U 和 V 的范围
U = 0:(M − 1);
V = 0:(N − 1);

%    计算矩阵使用的索引值
idx = find(U > M/2);
U(idx) = U(idx) − M;
idy = find(V > N/2);
V(idy) = V(idy) − N;

%    计算点阵矩阵
[V,U] = meshgrid(V,U);
```

程序运行结果如图 4.17 所示。

例 4.17   选择一幅图像,对其进行不同截止频率的 Butterworth 高通滤波,实现图 4.4.8(见《数字图像处理(第二版)》)的效果。

解答   选择一幅图像,对其进行截止频率半径分别为 15、30 和 50 的 Butterworth 高通滤波。

Matlab 源程序如下:

```
function Func = Fig448()
clear all close all;
```

(a) 原图像

(b) 截止频率半径=15

(c) 截止频率半径=30

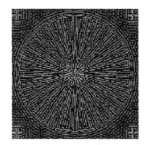

(d) 截止频率半径=50

图 4.17

```
f0 = imread('testpat1.png');        %     利用 Matlab 自带图像
F = fft2(double(f0));
[M N] = size(F);
subplot(2,2,1);
imshow(f0);
xlabel('(a)原图像');

%     Butterworth 高通滤波,截止频率半径 D0 = 15
nn = 2;
D0 = 15;
H1 = hpfilter('btw',M,N,D0,nn);
G1 = F. * H1;
f1 = real(ifft2(G1));
subplot(2,2,2);
imshow(uint8(f1));
xlabel('(b) 截止频率半径 = 15');

%     Butterworth 高通滤波,截止频率半径 D0 = 30
```

```
D0 = 30;
H1 = hpfilter('btw',M,N,D0,nn);
G1 = F. * H1;
f1 = real(ifft2(G1));
subplot(2,2,3);
imshow(uint8(f1));
xlabel('(c) 截止频率半径 = 30');


%       Butterworth 高通滤波,截止频率半径 D0 = 50
D0 = 50;
H1 = hpfilter('btw',M,N,D0,nn);
G1 = F. * H1;
f1 = real(ifft2(G1));
subplot(2,2,4);
imshow(uint8(f1));
xlabel('(d) 截止频率半径 = 50');


function[H,D] = hpfilter(type,M,N,D0,nn)
[U, V] = dftuv(M, N);
D = sqrt(U. ^2 + V. ^2);

switch type
    case 'ideal'
        H = double(D > D0);
    case 'btw'
        if nargin = = 4
            nn = 1;
        end
        H = 1. /(1 + (sqrt(2) - 1) * (D0. /D). ^(2 * nn));
    case 'expotential'
        H = exp(log(1/sqrt(2)) * (D0. /D). ^nn);
    otherwise
        error('unkown filter type')
end


function [U,V] = dftuv(M,N)
```

```
%    DFTUV 用来计算频域矩阵,U 和 V 都是 M×N 阶
```

```
%    设置变量 U 和 V 的范围
U = 0:(M-1);
V = 0:(N-1);
```

```
%    计算矩阵使用的索引值
idx = find(U>M/2);
U(idx) = U(idx) - M;
idy = find(V>N/2);
V(idy) = V(idy) - N;
```

```
%    计算点阵矩阵
[V,U] = meshgrid(V,U);
```
程序运行结果如图 4.18 所示。

(a) 原图像

(b) 截止频率半径=15

(c) 截止频率半径=30

(d) 截止频率半径=50

图 4.18

例 4.18   选择一幅图像,对其进行不同截止频率的指数高通滤波,实现图 4.4.9(见《数字图像处理(第二版)》)的效果。

解答   选择一幅图像,对其进行截止频率半径分别为 15、30 和 50 的指数高通

滤波,$n=1$。

Matlab 源程序如下:

```
function Func = Fig449()
clear all close all;

f0 = imread('testpat1.png');        %    利用 Matlab 自带图像
F = fft2(double(f0));
[M N] = size(F);
subplot(2,2,1);
imshow(f0);
xlabel('(a)原图像');

%      指数高通滤波,截止频率半径 D0 = 15
nn = 1;
D0 = 15;
H1 = hpfilter('expotential',M,N,D0,nn);
G1 = F. * H1;
f1 = real(ifft2(G1));
subplot(2,2,2);
imshow(uint8(f1));
xlabel('(b) 截止频率半径 = 15');

%      指数高通滤波,截止频率半径 D0 = 30
D0 = 30;
H1 = hpfilter('expotential',M,N,D0,nn);
G1 = F. * H1;
f1 = real(ifft2(G1));
subplot(2,2,3);
imshow(uint8(f1));
xlabel('(c)截止频率半径 = 30');

%      指数高通滤波,截止频率半径 D0 = 50
D0 = 50;
H1 = hpfilter('expotential',M,N,D0,nn);
G1 = F. * H1;
f1 = real(ifft2(G1));
```

```
subplot(2,2,4);
imshow(uint8(f1));
xlabel('(d) 截止频率半径=50');

function[H,D]=hpfilter(type,M,N,D0,nn)
[U,V]=dftuv(M,N);
D=sqrt(U.^2+V.^2);

switch type
    case 'ideal'
        H=double(D>D0);
    case 'btw'
        if nargin==4
            nn=1;
        end
        H=1./(1+(sqrt(2)-1)*(D0./D).^(2*nn));
    case 'expotential'
        H=exp(log(1/sqrt(2))*(D0./D).^nn);
    otherwise
        error('unkown filter type')
end

function [U,V]=dftuv(M,N)
%      DFTUV 用来计算频域矩阵,U 和 V 都是 M×N 阶

%      设置变量 U 和 V 的范围
U=0:(M-1);
V=0:(N-1);

%      计算矩阵使用的索引值
idx=find(U>M/2);
U(idx)=U(idx)-M;
idy=find(V>N/2);
V(idy)=V(idy)-N;

%      计算点阵矩阵
```

```
[V,U] = meshgrid(V,U);
```

程序运行结果如图 4.19 所示。

(a) 原图像

(b) 截止频率半径=15

(c) 截止频率半径=30

(d) 截止频率半径=50

图 4.19

例 4.19 参照图 4.5.3(见《数字图像处理(第二版)》),选用二幅图像,进行同态滤波增晰处理,实现图 4.5.3(见《数字图像处理(第二版)》)的效果。

解答 Matlab 源程序如下:

```
%     同态滤波;
clear all close all;

f1 = imread('e:/bmp/lena. bmp');
f1 = double(rgb2gray(f1));
f_log = log(f1 + 1);     %     取自然对数
f2 = fft2(f_log);

%     产生 Butterworth 高通滤波器
n = 3;
D0 = 0.05 * pi;     %     截止频率
rh = 0.8;
rl = 0.3;
```

```matlab
[m n] = size(f2);
for i = 1:m
    for j = 1:n
        D1(i,j) = sqrt(i^2 + j^2);
        H(i,j) = rl + (rh/(1 + (D0/D1(i,j))^(2 * n)));
    end
end

f3 = f2. * H;          %     输入图像通过滤波器
f4 = ifft2(f3);
f5 = exp(real(f4)) - 1;      %     取指数函数

subplot(2,2,1);
imshow(uint8(f1));

subplot(2,2,2);
imshow(uint8(f5));

f1 = imread('e:/bmp/liondark. bmp');
f1 = double((f1));
f_log = log(f1 + 1);    %     取自然对数
f2 = fft2(f_log);

%     产生 Butterworth 高通滤波器
n = 3;
D0 = 0. 05 * pi;    %     截止频率
rh = 0. 8;
rl = 0. 3;
[m n] = size(f2);
for i = 1:m
    for j = 1:n
        D1(i,j) = sqrt(i^2 + j^2);
        H(i,j) = rl + (rh/(1 + (D0/D1(i,j))^(2 * n)));
    end
```

```
end
```

f3 = f2. * H;　　　%　　　输入图像通过滤波器

f4 = ifft2(f3);

f5 = exp(real(f4)) - 1;　　　%　　　取指数函数

subplot(2,2,3);

imshow(uint8(f1));

xlabel('(a)原图像');

subplot(2,2,4);

imshow(uint8(f5));

xlabel('(b) 同态滤波后图像');

程序运行结果如图 4.20 所示。

(a) 原图像　　　　　　　　　　　　(b) 同态滤波后图像

图 4.20

4.5　习题及解答

题 4.1　图像增强的目的是什么? 它包含哪些内容?

解答　略。

题 4.2　试给出把灰度范围[0,10]伸长为[0,15],把范围[10,20]移到[15,25],并把范围[20,30]压缩为[25,30]的变换方程。

解答　设原灰度值为 r,灰度分段线性变换后为 z,则满足题意要求的变换函数为

$$z = f(r) = \begin{cases} \dfrac{3r}{2}, & 0 \leqslant r \leqslant 10 \\ r+5, & 10 \leqslant r \leqslant 20 \\ \dfrac{r}{2}+15, & 20 \leqslant r \leqslant 30 \end{cases}$$

题 4.3　为什么一般情况下对离散图像的直方图均衡化并不能产生完全平坦的直方图?

解答　这是因为在离散情况下,由于灰度取值的离散性,不可能把取同一个灰度值的像素变换到不同的像素。也就是说,通过灰度直方图均衡化变换函数,获得的带有小数的不同灰度值,四舍五入取整后会出现归并现象。所以,实际应用中,就不可能得到完全平坦的直方图,但结果图像的灰度直方图相比于原图像直方图,要平坦得多。

题 4.4　设一幅图像具有如题表 4.4.1 所示概率分布,对其分别进行直方图均衡化和规定化。要求规定化后的图像具有如题表 4.4.2 所示的灰度级分布。

题表 4.4.1

灰度级	0	1	2	3	4	5	6	7
各灰度级概率分布	0.14	0.22	0.25	0.17	0.10	0.06	0.03	0.03

题表 4.4.2

灰度级	0	1	2	3	4	5	6	7
各灰度级概率分布	0	0	0	0.19	0.25	0.21	0.24	0.11

解答　(1) 直方图均衡化结果如下表所示:

序号	运算	步骤和结果							
1	列出原图像灰度级 i	0	1	2	3	4	5	6	7
2	各灰度级概率分布(直方图)$P(i)$	0.14	0.22	0.25	0.17	0.10	0.06	0.03	0.03
3	计算累计直方图 $P_j = \sum\limits_{k=0}^{j} P(k)$	0.14	0.36	0.61	0.78	0.88	0.94	0.97	1.00
4	计算变换后的灰度值 $j = \text{INT}[(L-1)P_j+0.5], L=8$	1	3	4	5	6	7	7	7
5	确定映射对应关系($i \rightarrow j$)	0→1	1→3	2→4	3→5	4→6	5,6,7→7		
6	计算新直方图 $P(j)$	0	0.14	0	0.22	0.25	0.17	0.10	0.12

(2) 直方图规定化结果如下表所示:

序号	运算	步骤和结果							
1	列出图像灰度级(i 或 j)	0	1	2	3	4	5	6	7
2	原图像直方图 $P(i)$	0.14	0.22	0.25	0.17	0.10	0.06	0.03	0.03

序号	运 算	步骤和结果							
3	计算原图像累计直方图 P_i	0.14	0.36	0.61	0.78	0.88	0.94	0.97	1.00
4	规定直方图 $P(j)$	0	0	0	0.19	0.25	0.21	0.24	0.11
5	计算规定累计直方图 P_j	0	0	0	0.19	0.44	0.65	0.89	1.00
6	按照 $P_j \rightarrow P_i$ 找到 i 对应的 j	3	4	5	6	6	7	7	7
7	确定变换关系 $i \rightarrow j$	$0 \rightarrow 3$	$1 \rightarrow 4$	$2 \rightarrow 5$	$3,4 \rightarrow 6$		$5,6,7 \rightarrow 7$		
8	求变换后的匹配直方图 $P(j)$	0	0	0	0.14	0.22	0.25	0.27	0.12

题 4.5 设工业检测中工件的图像受到零均值与图像不相关噪声的影响。假设图像采集装置每秒可采集 30 幅图,若采用图像平均法将噪声的均方差减小到原来的 1/10,则工件需固定在采集装置前多长时间?

解答 由主教材式(4.3.19)可知,通过图像平均法可以将噪声均方差降低到原来的 $\sqrt{\dfrac{1}{M}}$,M 为用于平均的图像个数。所以,如果

$$\sigma_{\bar{g}} = \frac{1}{10}\sigma_n = \sqrt{\frac{1}{M}}\,\sigma_n$$

解得

$$M = 100$$

$$t = \frac{100}{30} = 3.33(\text{s})$$

题 4.6 试证明 Laplacian(拉普拉斯)算子具有旋转不变性。

证明 Laplacian 算子定义为

$$\nabla^2 f = \frac{\partial^2 f}{\partial x^2} + \frac{\partial^2 f}{\partial y^2}$$

设其旋转后的算子定义为

$$\nabla^2 f = \frac{\partial^2 f}{\partial x'^2} + \frac{\partial^2 f}{\partial y'^2}$$

同时

$$x = x'\cos\theta - y'\sin\theta, \quad y = x'\sin\theta + y'\cos\theta$$

其中 θ 表示旋转的角度。此时有

$$\frac{\partial f}{\partial x'} = \frac{\partial f}{\partial x}\frac{\partial x}{\partial x'} + \frac{\partial f}{\partial y}\frac{\partial y}{\partial x'} = \frac{\partial f}{\partial x}\cos\theta + \frac{\partial f}{\partial y}\sin\theta$$

其二次微分为

$$\frac{\partial^2 f}{\partial x'^2} = \frac{\partial^2 f}{\partial x^2}\cos^2\theta + \frac{\partial}{\partial x}\left(\frac{\partial f}{\partial y}\right)\sin\theta\cos\theta + \frac{\partial}{\partial y}\left(\frac{\partial f}{\partial x}\right)\cos\theta\sin\theta + \frac{\partial^2 f}{\partial y^2}\sin^2\theta$$

同理得关于 y' 的二次微分为

$$\frac{\partial^2 f}{\partial y'^2} = \frac{\partial^2 f}{\partial x^2}\sin^2\theta - \frac{\partial}{\partial x}\left(\frac{\partial f}{\partial y}\right)\cos\theta\sin\theta - \frac{\partial}{\partial y}\left(\frac{\partial f}{\partial x}\right)\sin\theta\cos\theta + \frac{\partial^2 f}{\partial y^2}\cos^2\theta$$

将以上两式相加得

$$\frac{\partial^2 f}{\partial x'^2} + \frac{\partial^2 f}{\partial y'^2} = \frac{\partial^2 f}{\partial x^2} + \frac{\partial^2 f}{\partial y^2}$$

由此得证 Laplacian 算子具有旋转不变性。

题 4.7 试证明 Laplacian 算子是各向同性的。

证明 同题 4.6。

题 4.8 对于如下所示的空域增强公式,试推导出其相应的频域等价滤波器 $H(u,v)$。

$$g(m,n) = f(m,n) - f(m+1,n) + f(m,n) - f(m,n+1)$$

解答 对题设表达式进行傅里叶变换,得

$$\begin{aligned}
G(u,v) &= F(u,v) - F(u,v)\mathrm{e}^{\mathrm{j}2\pi u/M} + F(u,v) - F(u,v)\mathrm{e}^{\mathrm{j}2\pi v/N} \\
&= \left[1 - \mathrm{e}^{\mathrm{j}2\pi u/M}\right]F(u,v) + \left[1 - \mathrm{e}^{\mathrm{j}2\pi v/N}\right]F(u,v) \\
&= \left[(1 - \mathrm{e}^{\mathrm{j}2\pi u/M}) + (1 - \mathrm{e}^{\mathrm{j}2\pi v/N})\right]F(u,v) \\
&= H(u,v)F(u,v)
\end{aligned}$$

所以,频域的等价滤波器为

$$H(u,v) = (1 - \mathrm{e}^{\mathrm{j}2\pi u/M}) + (1 - \mathrm{e}^{\mathrm{j}2\pi v/N})$$

题 4.9 试证明如果 $H(u,v)$ 是实对称的,则 $h(x,y)$ 一定也是实对称的。

证明 由于 $H(u,v)$ 是实对称的,有

$$H(-u,-v) = H(u,v)$$

从而

$$\begin{aligned}
h(x,y) &= \frac{1}{N}\sum_{u=0}^{N-1}\sum_{v=0}^{N-1}H(u,v)\exp\left[\mathrm{j}2\pi(ux+vy)/N\right] \\
&= \frac{1}{N}\sum_{u=0}^{N-1}\sum_{v=0}^{N-1}H(-u,-v)\exp\left[\mathrm{j}2\pi(ux+vy)/N\right] \\
&= \frac{1}{N}\sum_{u=0}^{N-1}\sum_{v=0}^{N-1}H(u,v)\exp\left[\mathrm{j}2\pi(-ux-vy)/N\right] \\
&= h(-x,-y)
\end{aligned}$$

题 4.10 对于一幅大小为 $M \times N$ 的图像,如果用一个截止频率为 D_0 的高斯低通滤波器对其进行多次滤波,设 K 为滤波的次数,那么在 K 足够大的时候,输出图像会是怎样的?

解答 高斯低通滤波器为

$$H(u,v) = \mathrm{e}^{-D^2(u,v)/2D_0^2}$$

所以其滤波输出为

$$G(u,v) = H(u,v)F(u,v) = \mathrm{e}^{-D^2(u,v)/2D_0^2}F(u,v)$$

那么,经过 K 次滤波的输出即为

$$G_K(u,v) = \mathrm{e}^{-KD^2(u,v)/2D_0^2}F(u,v)$$

可以看出,当 K 足够大时,将只有 $F(0,0)$ 能够通过,而 $F(0,0)$ 就对应于原图像的均值。所以经过足够多次低通滤波后的图像中的所有值将会变为原图像的均值。

题 4.11 试述各种空域平滑方法的功能、适用条件及优缺点。

解答 图像的空域平滑方法主要包括基于平均的方法和中值滤波法,前者又包括邻域平均法、阈值平均法、加权平均法和多图像平均法。

邻域平均法是指用某点邻域的灰度平均值来代替该点的灰度值,常用的邻域为 4-邻域和 8-邻域。邻域平均法算法简单,处理速度快,但是在衰减噪声的同时会使图像产生模糊。

阈值平均法通过加门限的方法来减少邻域平均法中所产生的模糊问题,门限要利用经验和多次试验来获得。这种方法对抑制椒盐噪声比较有效,同时也能较好地保护仅存微小变化的目标物细节。

加权平均法是指用邻域内灰度值及本点灰度的加权平均值来代替该点灰度值,这样既能平滑噪声,又能保证图像中的目标物边缘不至于模糊。

事实上,邻域平均法和加权平均法都可归结到模板平滑法中。它们都可以看作是利用模板对图像进行处理的方法,而不同形式和结构的模板就会形成不同的图像处理方法。

多图像平均法可用来消减随机噪声。经多图像平均后,图像信号基本不变,而 M 幅图像平均后,图像中各点噪声的方差降为单幅图像中该点噪声方差 的 $\frac{1}{M}$。

中值滤波法是一种非线性处理方法,它是对一个含有奇数个像素的滑动窗口内的各像素按灰度值由小到大进行排序,用其中值作为窗口中心像素输出值的滤波方法;中值滤波可以克服线性滤波器所带来的图像细节模糊,对于脉冲干扰及椒盐噪声的抑制效果较好,但不太适合点、线、尖顶细节较多的图像滤波。

题 4.12 试述图像的对比度增强变换法与直方图修正法的异同。

解答 图像的对比度增强变换法与直方图修正法都是通过对原图像进行某种灰度变换,扩展灰度的动态范围,增强对比度,使图像变得更清晰。

图像的对比度增强变换法就是改变图像像素的灰度值,以改变图像灰度的动态范围,增强图像的对比度。

直方图修正法通过对原图像进行某种灰度变换,使变换后图像的直方图能均匀分布,这样就能使原图像中具有相近灰度且占有大量像素点的区域之灰度范围展宽,使大区域中的微小灰度变化显现出来,使图像更清晰。

题 4.13 若对一幅数字图像进行直方图均匀化处理,试说明第二次直方图均匀化的结果与第一次直方图均匀化的处理结果相同。

解答 假设原图像直方图的灰度 r 经过第一次操作变为 s,再由第二次操作结果变为 t。那么,我们由直方图均衡化的公式知道 $s = \sum_{i=0}^{r} P(i)$,同时也有 $t =$

$\sum\limits_{j=0}^{s}P(j)$。因为在第一次操作时所有灰度值小于等于 r 的像素在转换后全部小于等于 s，所以

$$\sum_{i=0}^{r}P(i) = \sum_{j=0}^{s}P(j)$$

即 $s = t$。

这就说明，第二次直方图均匀化的结果与第一次直方图均匀化的处理结果是相同的。

题 4.14 请举一个例子说明中值滤波是非线性运算。

解答 如若窗宽取 5，

$$f_1 = \{10,20,30,40,50\}, \quad f_2 = \{10,20,30,20,10\}$$

则

$$\mathrm{med}\{f_1 + f_2\} = \mathrm{med}\{20,40,60,60,60\} = 60$$

而由 $\mathrm{med}\{f_1\} = 30$ 和 $\mathrm{med}\{f_2\} = 20$，得

$$\mathrm{med}\{f_1\} + \mathrm{med}\{f_2\} = 30 + 20 = 50$$

所以

$$\mathrm{med}\{f_1 + f_2\} \neq \mathrm{med}\{f_1\} + \mathrm{med}\{f_2\}$$

因此，中值滤波是非线性运算。

题 4.15 讨论用一个 3×3 平滑模板反复对一幅数字图像处理的结果，可以不考虑边界的影响。

解答 从空间上看将使图像越来越模糊，最终整个图像将具有统一的灰度值。从频域解释，不断乘以低通滤波器的结果是形成一个 Delta 函数，所对应的空间变换就是只有直流分量，即只剩一个灰度值。

题 4.16 如题 4.16 图所示 256×256 的二值图像（白为 1，黑为 0），其中的白条是 7 像素宽，210 像素高。两个白条之间的宽度是 17 像素，当应用下面的方法处理时，图像的变化结果（按最靠近原则仍取 0 或 1）是什么（图像边界不考虑）？

(1) 3×3 的邻域平均滤波。

(2) 7×7 的邻域平均滤波。

(3) 9×9 的邻域平均滤波。

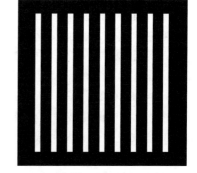

题 4.16 图

解答 在题 4.16 图中，由于取值为 1 的白条的宽度是 7，大于 9×9 滤波窗宽的一半(4.5)，当然也大于 7×7 和 3×3 的窗宽的一半。这样就使得在用这三种邻域平均滤波时，若滤波像素点的值是 1，则滤波窗中 1 的个数必多于窗内参加平均的像素个数的一半，平均并四舍五入后的结果仍为 1；同理，若滤波像素点的值是 0，则滤波窗中 0 的个数必多于窗内参加平

均的像素个数的一半,平均并四舍五入后的结果仍为 0。所以,按题意对题 4.16 图所示二值图像用三种大小不同的邻域进行邻域平均滤波时,结果图像与原图像相同。

题 4.17 用中值滤波重复习题 4.16 的问题。

解答 与题 4.16 的道理类似。在题 4.16 图中,由于取值为 1 的白条的宽度是 7,大于 9×9 滤波窗宽的一半(4.5),当然也大于 7×7 和 3×3 的窗宽的一半。这样就使得在用这三种大小的滤波窗进行中值滤波时,若滤波像素点的值是 1(或 0),则滤波窗中 1(或 0)的个数必多于窗内 0(或 1)的个数,则排在中间的值仍为 1(或 0)不变,即中值滤波后,图像没有变化。

题 4.18 如题 4.18 图所示两幅图像(白为 1,黑为 0)完全不同,但它们的直方图是相同的。假设每幅图像均用 3×3 的平滑模板进行处理(图像边界不考虑,结果按四舍五入仍取 0 或 1)。

(1) 处理前后的图像的直方图还一样吗?

(2) 如果不一样,则求出这两个直方图。

 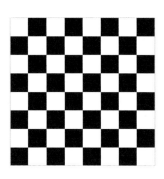

题 4.18 图 (图像大小为 64×64 像素)

解答 (1) 对于题 4.18 图(左)所示二值图像,当采用 3×3 的平滑模板(4 邻或 8 邻平均,4 邻或 8 邻加权平均,或中值滤波)进行处理时,若滤波像素点的值是 1(或 0),则滤波窗中 1(或 0)的个数必多于窗内 0(或 1)的个数,平滑后的值仍为 1(或 0)不变,即用 3×3 的平滑模板处理后,图像没有变化。因此,直方图也没有变化。

(2) 对于题 4.18 图(右)所示二值方块图像,当采用 3×3 的 4 邻或 8 邻加权平均平滑模板或中值滤波进行处理时,若滤波像素点的值是 1(或 0),则滤波窗中 1(或 0)的个数必多于窗内 0(或 1)的个数,则平滑后的值仍为 1(或 0)不变,即图像没有变化。因此,直方图也没有变化。

当采用 3×3 的 4 邻域和 8 邻域平均模板(见解图 1)处理时,且当处理点位于白、黑块组成的 4 块交界处[解图 2(左)中心的 4 个阴影像素]时,若滤波像素点的值是 1 或 0,则滤波窗中参加平均的 1 的个数等于 0 的个数,平均并四舍五入时,结果都为 1,见解图 2(右)中心的 4 个阴影像素。此时,整个图像处理后的结果见解图 3,图像的直方图 由 $P(i) = \langle P(0), P(1) \rangle = \left\{ \frac{1}{2}, \frac{1}{2} \right\}$ 变成了 $P(i) = \langle P(0),$

$P(1)\} = \left\{\dfrac{2048-98}{64\times64},\dfrac{2048+98}{64\times64}\right\} = \{0.48,0.52\}$，其余情况下，平滑结果不变，当然直方图也不改变。

$$\boldsymbol{W}_1 = \frac{1}{4}\begin{bmatrix} 0 & 1 & 0 \\ 1 & 0 & 1 \\ 0 & 1 & 0 \end{bmatrix}, \qquad \boldsymbol{W}_2 = \frac{1}{8}\begin{bmatrix} 1 & 1 & 1 \\ 1 & 0 & 1 \\ 1 & 1 & 1 \end{bmatrix}$$

解图 1　4-邻域平均和 8-邻域平均模板

1	1	1	1	0	0	0	0
1	1	1	1	0	0	0	0
1	1	1	1	0	0	0	0
1	1	1	1	0	0	0	0
0	0	0	0	1	1	1	1
0	0	0	0	1	1	1	1
0	0	0	0	1	1	1	1
0	0	0	0	1	1	1	1

1	1	1	1	0	0	0	0
1	1	1	1	0	0	0	0
1	1	1	1	0	0	0	0
1	1	1	1	1	0	0	0
0	0	0	1	1	1	1	1
0	0	0	0	1	1	1	1
0	0	0	0	1	1	1	1
0	0	0	0	1	1	1	1

解图 2　白、黑块组成的 4 块交界处

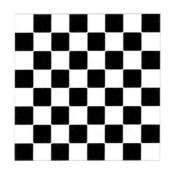

解图 3　4-邻和 8-邻平均模板处理后的结果图像

题 4.19　对一实际真彩图像，利用主教材中 4.6 节介绍方法分别在 RGB 和 HSI 坐标系进行增强处理，比较二者异同。

解答　对一实际真彩图像，直接在 RGB 坐标系对 R、G、B 三个分量分别进行增强处理，再合成彩色（见解图 4），其结果会改变原彩色图像的颜色种类，使图像彩色失真。

在 HSI 颜色坐标中，H 和 S 分别表示色度和饱和度，它们与彩色的种类紧密相关，而 I 表示亮度，它与彩色种类无关。为了不改变彩色的种类，可仅仅对 I 分量（亮度）进行增强处理，H 和 S 分量不变，然后再变换回 RGB 坐标。这里关键是利用了 HSI 颜色坐标系中亮度和彩色分开的特点，结果既增强了彩色图像，又不会改变彩色种类，处理框图见解图 5 所示。

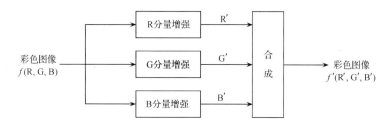

解图 4　真彩色图像的 RGB 直接增强法原理框图

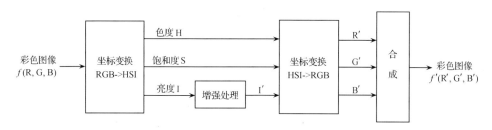

解图 5　真彩色图像的 HSI 增强法框图

题 4.20　编写一个 RGB 与 HSI 相互转换的计算程序,并对一实际真彩图像进行变换。

解答　RGB 与 HSI 的相互转换的 Matlab 程序段如下,其中,程序段(1)将文件 IMG-RGB. DAT 中的 R、G、B 分量转换为 H、S、I 分量;程序段(2)将文件 IMG-HSI. DAT 中的 H、S、I 分量转换为 R、G、B 分量。

(1) RGB 转换为 HSI 如下:

```
function hsi = rgb2hsi(image)
image = imread('IMG - RGB. DAT');
image = im2double(image);
r = image(:,:,1);
g = image(:,:,2);
b = image(:,:,3);
num = 0.5 * ((r - g) + (r - b));
den = sqrt((r - g).^2 + (r - b). * (g - b));
theta = acos(num. /(den + eps));
H = theta;
H(b > g) = 2 * pi - H(b > g);
H = H/(2 * pi);

num = min(min(r,g),b);
```

```
den = r + g + b;
den(den = = 0) = eps;
S = 1 − 3. * num. /den;

H(S = = 0) = 0;
I = (r + g + b)/3;

hsi = cat(3,H,S,I);
figure(1);
imshow(hsi);
```

(2) HSI 转换为 RGB 如下:

```
function rgb = hsi2rgb(image)
image = imread('IMG − HSI. DAT');
image = im2double(image);
H = image(:,:,1) * 2 * pi;
S = image(:,:,2);
I = image(:,:,3);

R = zeros(size(image,1),size(image,2));
G = zeros(size(image,1),size(image,2));
B = zeros(size(image,1),size(image,2));

ind = find((0 < = H)&(H < 2 * pi/3));
B(ind) = I(ind). * (1. 0 − S(ind));
R(ind) = I(ind). * (1. 0 + S(ind). * cos(H(ind)). /cos(pi/3. 0 − H(ind)));
G(ind) = 3. 0 * I(ind) − (R(ind) + B(ind));

ind = find((2 * pi/3 < = H)&(H < 4 * pi/3));
H(ind) = H(ind) − pi * 2/3;
R(ind) = I(ind). * (1. 0 − S(ind));
G(ind) = I(ind). * (1. 0 + S(ind). * cos(H(ind) − 2 * pi/3). /cos(pi −
H(ind)));
B(ind) = 3 * I(ind) − (R(ind) + G(ind));

ind = find((4 * pi/3 < = H)&(H < 2 * pi));
```

```
H(ind) = H(ind) - pi * 4/3;
G(ind) = I(ind). * (1 - S(ind));
B(ind) = I(ind). * (1 + S(ind). * cos(H(ind) - 4 * pi/3). /cos(5 * pi/3 -
H (ind)));
R(ind) = 3 * I(ind) - (G(ind) + B(ind));

rgb = cat(3,R,G,B);
rgb = max(min(rgb,1),0);
figure(1);
imshow(rgb);
```

第5章 图像恢复

5.1 学习要点

5.1.1 图像恢复的基本概念

图像恢复(复原)技术就是把退化模型化,并且采用与退化相反的过程进行处理,以便恢复出原图像。图像恢复的方法通常都会涉及建立一个最佳准则,作为恢复图像质量的评价标准。

因此,图像恢复是指使用客观标准和图像本身的先验知识来改善给定图像的过程。而图像增强是指使用主观标准改善图像,而图像恢复是指采用与图像受损过程相反的过程来恢复图像,这里使用的是客观标准。

5.1.2 退化模型表达式

图像恢复的关键在于建立退化模型。图像的退化模型可以表示为

$$g(x,y) = H[f(x,y)] + \eta(x,y)$$

线性移不变的连续退化模型和离散退化模型分别如下所示:

$$g(x,y) = \int_{-\infty}^{+\infty}\int_{-\infty}^{+\infty} f(\alpha,\beta)h(x-\alpha,y-\beta)\mathrm{d}\alpha\mathrm{d}\beta + \eta(x,y)$$
$$= f(x,y) * h(x,y) + \eta(x,y)$$

$$g_e(m,n) = \sum_{i=0}^{M-1}\sum_{j=0}^{N-1} f_e(i,j)h_e(m-i,n-j) + \eta_e(m,n)$$

另外,对于退化模型的矩阵表达式也要充分理解,分块循环矩阵的构成与对角化的方法同样需要掌握。

5.1.3 常见退化函数模型

1) 线性运动退化函数

线性运动退化是由于目标与成像系统间的相对匀速直线运动造成的。水平方向的线性运动的退化模型表示为

$$h(m,n) = \begin{cases} \dfrac{1}{d}, & 0 \leqslant m \leqslant d \text{ 且 } n = 0 \\ 0, & \text{其他} \end{cases}$$

2) 散焦退化函数

光学系统散焦造成的图像退化对应的点扩散函数应该是一个均匀分布的圆形

光斑,该散焦退化函数表示为

$$H(u,v) = \begin{cases} 1/(\pi R^2), & u^2 + v^2 \leqslant R^2 \\ 0, & \text{其他} \end{cases}$$

3）高斯退化函数

高斯退化函数是许多光学测量系统和成像系统最常见的退化函数。表达式为

$$h(m,n) = \begin{cases} K\exp[-\alpha(m^2 + n^2)], & (m,n) \in C \\ 0, & \text{其他} \end{cases}$$

5.1.4　退化函数的辨识方法

在图像恢复中,有以下三种主要的估计退化函数的方法。

（1）图像观察法。假设我们已知的只有退化图像,那么辨识其退化函数的一种方法就是从收集图像自身的信息入手。

（2）图像试验法。假设我们可以使用与获取退化图像的设备相似的设备,那么利用相同的系统设置,就可以由成像一个脉冲（小亮点）得到退化函数的冲激响应。

（3）数学建模法。在图像退化的多年研究中,对于一些退化环境已经建立了数学模型,这其中有些是需要将引起退化的物理环境考虑在内。

5.1.5　图像的无约束恢复——反向滤波法

由退化模型 $[g] = [H][f] + [n]$,可得噪声 $[n] = [g] - [H][f]$,寻找一个 f 的估计 $\hat{f}$,使得 $\|n\|^2 = \|g - H\hat{f}\|^2$ 达到最小。而空域的无约束恢复方法可以转化为频域的滤波方法,这就是反向滤波法。由于噪声以及退化矩阵中零点的影响,反向滤波法恢复出的图像经常不具有可视性。通过将频率限制为接近原点进行分析,就减少了遇到零值的几率,虽然改善了恢复结果,但恢复图像会变得模糊。

5.1.6　图像的有约束最小二乘恢复——维纳和约束最小平方滤波法

为了克服无约束恢复（反向滤波法）的病态性,需要在恢复的过程中施加某种约束,由此便诞生了有约束恢复。令 Q 为 f 的线性算子,有约束最小二乘恢复就是要使得 $\|Q\hat{f}\|^2$ 最小。维纳和约束最小平方滤波法就是解决这样一个问题的方法。

在维纳滤波法中需要用到图像和噪声的自相关矩阵,而这些数据在约束最小平方法中是不需要的。

5.1.7　几何畸变图像的恢复

图像在获取或显示的过程中往往会产生几何畸变失真,其产生的主要原因有成像系统本身的非线性、图像获取视角的变化、拍摄对象表面弯曲等。最为常见的

一种几何畸变称为仿射变换,几何畸变主要表现为图像中像素间空间关系的变化,对这类图像的恢复就是要恢复像素间原有的空间关系。

数字图像处理中,几何校正主要包括两个基本操作。

(1) 空间坐标变换。重新排列图像平面上的像素以恢复原有的空间关系。

(2) 灰度值的确定。对空间变换后的像素赋予相应的灰度值,使之恢复原位置的灰度值,称为灰度插值。常用的灰度插值方法有最近邻法、双线性内插法和三次内插法三种。其中最近邻法最为简单,但是效果最差;而三次内插法效果最好,但是运算量最大。

5.1.8 超分辨率图像复原

早在 20 世纪 60 年代就已经提出了超分辨率图像复原的概念和方法,随后提出的一些算法虽然可以在实验条件下得到令人印象深刻的结果,但是在实际应用中却表现欠佳。直到 80 年代才提出了一些有实用价值的方法,并且基于图像序列进行复原的想法进一步改善了复原的效果。在这些方法中,基于空域的方法由于具有灵活多变的特性,并且更容易包含先验知识,已经成为超分辨率图像复原研究领域的热点。

Bayes 方法和凸集投影法是两种复原效果较为出色的方法,也是目前研究中的重点。

5.2 难点和重点

5.2.1 退化模型的理解

在本章的学习中,需要特别注意对退化模型的理解,尤其是退化模型的矩阵形式

$$g = Hf + n$$

其中 f、g 和 n 表示 $MN \times 1$ 维的列向量,H 为 $MN \times MN$ 维矩阵。并且对于线性移不变系统来说,H 是一个块循环矩阵。对于这样一个块循环矩阵,我们可以通过将其对角化而简化运算过程。这其中更需要特别注意周期延拓的概念。

5.2.2 有约束恢复

由于无约束恢复对噪声非常敏感,实际应用性较差。有约束恢复中引入线性算子,在一定程度上进一步约束了恢复的最终解。根据线性算子的选择可以分为能量约束恢复、平滑约束恢复和均方误差恢复。这里需要重点掌握平滑约束恢复,即限制性最小平方滤波器。事实上,选择不同的平滑约束还可以产生一系列不同性能的此类恢复滤波器。

5.2.3 几何校正

几何失真是图像处理中需要经常面对的一类退化情况。图像的几何校正主要分为两步:空间坐标变换和灰度插值变换。在灰度插值中需特别关注双线性插值法的计算方法。

5.3 典 型 例 题

例 5.1 对于主教材中式(5.4.4)所示图像的有约束最小二乘复原结果 $\hat{f} = (\boldsymbol{H}^{\mathrm{T}}\boldsymbol{H} + \gamma\boldsymbol{R}_f^{-1}\boldsymbol{R}_\eta)^{-1}\boldsymbol{H}^{\mathrm{T}}\boldsymbol{g}$,证明其对应的维纳滤波法公式[主教材中式(5.4.12)]

$$\hat{F}(u,v) = \left\{ \frac{H^*(u,v)}{|H(u,v)|^2 + \gamma[S_\eta(u,v)/S_f(u,v)]} \right\} G(u,v)$$

$$= \left\{ \frac{1}{H(u,v)} \cdot \frac{|H(u,v)|^2}{|H(u,v)|^2 + \gamma[S_\eta(u,v)/S_f(u,v)]} \right\} G(u,v)$$

证明 将 $\boldsymbol{R}_f = \boldsymbol{WAW}^{-1}$,$\boldsymbol{R}_\eta = \boldsymbol{WBW}^{-1}$ 和 $\boldsymbol{H} = \boldsymbol{WDW}^{-1}$ 代入 $\hat{f} = (\boldsymbol{H}^{\mathrm{T}}\boldsymbol{H} + \gamma\boldsymbol{R}_f^{-1}\boldsymbol{R}_\eta)^{-1}\boldsymbol{H}^{\mathrm{T}}\boldsymbol{g}$,得

$$\hat{f} = (\boldsymbol{H}^{\mathrm{T}}\boldsymbol{H} + \gamma\boldsymbol{R}_f^{-1}\boldsymbol{R}_\eta)^{-1}\boldsymbol{H}^{\mathrm{T}}\boldsymbol{g}$$

$$= (\boldsymbol{WD}^*\boldsymbol{DW}^{-1} + \gamma\boldsymbol{WA}^{-1}\boldsymbol{BW}^{-1})^{-1}\boldsymbol{WD}^*\boldsymbol{W}^{-1}\boldsymbol{g}$$

上式两边同乘以 $\boldsymbol{W}^{-1}$,经整理得到

$$\boldsymbol{W}^{-1}\hat{f} = (\boldsymbol{D}^*\boldsymbol{D} + \gamma\boldsymbol{A}^{-1}\boldsymbol{B})^{-1}\boldsymbol{D}^*\boldsymbol{W}^{-1}\boldsymbol{g}$$

再将各个矩阵用对应的傅里叶变换代替,有

$$\boldsymbol{W}^{-1}\hat{f} \leftrightarrow \hat{F}(u,v)$$

$$\boldsymbol{W}^{-1}\boldsymbol{g} \leftrightarrow G(u,v)$$

$$\boldsymbol{A}^{-1}\boldsymbol{B} \leftrightarrow S_\eta(u,v)/S_f(u,v)$$

$$\boldsymbol{D} \leftrightarrow H(u,v)$$

$$\boldsymbol{D}^* \leftrightarrow H^*(u,v)$$

$$\boldsymbol{D} \cdot \boldsymbol{D} \leftrightarrow |H(u,v)|^2$$

则

$$\hat{F}(u,v) = \left\{ \frac{H^*(u,v)}{|H(u,v)|^2 + \gamma[S_\eta(u,v)/S_f(u,v)]} \right\} G(u,v)$$

$$= \left\{ \frac{1}{H(u,v)} \cdot \frac{|H(u,v)|^2}{|H(u,v)|^2 + \gamma[S_\eta(u,v)/S_f(u,v)]} \right\} G(u,v)$$

例 5.2 求证:对于含噪声图像,其大小为 $M \times N$,噪声项为 n,噪声的均值和方差分别为 E_n 和 σ_n^2,则有 $\|n\|^2 = (M-1)(N-1)(\sigma_n^2 + E_n^2)$。

证明 噪声的均值和方差分别为

$$E_n = \frac{1}{(M-1)(N-1)} \sum_{x=0}^{M-1} \sum_{y=0}^{N-1} n(x,y)$$

$$\sigma_n^2 = E\{[n(x,y) - E_n]^2\} = E[n^2(x,y)] - E_n^2$$

如果用采样平均来近似噪声平方的期望值,则有

$$\sigma_n^2 = \frac{1}{(M-1)(N-1)} \sum_{x=0}^{M-1} \sum_{y=0}^{N-1} n^2(x,y) - E_n^2$$

而上式中的求和项所表示的就是 $\| n \|^2$,所以通过移项后得

$$\| n \|^2 = (M-1)(N-1)(\sigma_n^2 + E_n^2)$$

例 5.3 对于如图 5.1 所示这样一幅模糊图像,假设我们已知有四个角上十字形状、大小和亮度方面的信息,请设计一个方案,确定如何利用已知的信息来辨识退化函数 $H(u,v)$。

图 5.1

解答 Step 1:计算除十字外图像的平均灰度值,以该灰度值代替除十字外图像的灰度值,以此作为退化图像,其频域表示为 $G(u,v)$。

Step 2:以该灰度值重建一幅与原图大小相同的图像,并且根据已知的有关十字的信息在相应的位置重建十字。该图像的频域表达式为 $F(u,v)$。

Step 3:$G(u,v)$ 和 $F(u,v)$ 的比值可以作为 $H(u,v)$ 的一个初始估计。

Step 4:从该 $H(u,v)$ 出发,利用式(5.3.9)(见《数字图像处理(第二版)》)我们可以不断对 $H(u,v)$ 进行更新,使得 $F(u,v)$ 的值尽量接近于逆滤波的结果,从而确定 $H(u,v)$。

例 5.4 若 $f(1,1)=1, f(7,1)=7, f(1,7)=7, f(7,7)=14$,试用双线性内插法确定点 $(2,4)$ 的灰度值。

解答 将已知四点的坐标代入式(5.5.5),即 $f(x,y) = ax + by + cxy + d$,得

$$\begin{cases} a + b + c + d = 1 \\ 7a + b + 7c + d = 7 \\ a + 7b + 7c + d = 7 \\ 7a + 7b + 49c + d = 14 \end{cases}$$

解上述联立方程,得

$$\begin{cases} a = 35/36 \\ b = 35/36 \\ c = 1/36 \\ d = -35/36 \end{cases}$$

所以

$$f(2,4) = 2a + 4b + 8c + d = 183/36 \approx 5.1$$

对结果进行四舍五入取整得

$$f(2,4) = 5$$

5.4 示例程序

例5.5 编程实现式(5.4.14)所示的维纳滤波器,给出示例结果。

解答 式(5.4.14)所示的维纳滤波器为

$$\hat{F}(u,v) = \left[\frac{1}{H(u,v)} \cdot \frac{|H(u,v)|^2}{|H(u,v)|^2 + k} \right] G(u,v)$$

其实现程序如下:

```
%    通过模拟水平运动模糊建立退化函数
d = 5;
h = zeros(2 * d + 1,2 * d + 1);
h(d + 1,1:2 * d + 1) = 1/(2 * d);


%    模糊原图像并加入噪声
fig1 = imread('e:/bmp/cameraman.bmp');
[m n] = size(fig1);
fe = zeros(m + 2 * d,n + 2 * d);
fe(1:m,1:n) = fig1;
he = zeros(m + 2 * d,n + 2 * d);
he(1:2 * d + 1,1:2 * d + 1) = h;
F = fft2(fe);
H = fft2(he);
g = imnoise(uint8(ifft2(F. * H)),'gaussian',0,0.0001);
G = fft2(double(g));


%    使用 LMS(最小均方)滤波器恢复图像
K = 0.1;
F_est = ((abs(H).^2). /(abs(H).^2 + K)). * G. /H;
fig_est = real(ifft2(F_est));


%    显示原图像
subplot(1,3,1);
imshow(fig1);
title('原图像');
xlabel('(a) original image');
```

```
%      显示退化图像
subplot(1,3,2);
imshow(uint8(g(d+1:m+d,d+1:n+d)),[min(g(:)) max(g(:))]);
title('加噪声的退化图像');
xlabel('(b) degraded image');


%      显示恢复图像
subplot(1,3,3);
imshow(uint8(fig_est(1:m,1:n)),[min(fig_est(:)) max(fig_est(:))]);
title('恢复后的图像');
xlabel('(c) restored image');
```

程序运行结果如图 5.2 所示。

原图像　　　　　　　　　加噪声的退化图像　　　　　　　恢复后的图像

(a) original image　　　　(b) degraded image　　　(c) restored image

图 5.2

例 5.6　编程实现式(5.4.28)(见《数字图像处理(第二版)》)所示的约束最小平方滤波器,给出示例结果。

$$\hat{F}(u,v) = \left[\frac{H^*(u,v)}{|H(u,v)|^2 + \gamma |P(u,v)|^2}\right]G(u,v)$$

其中

$$\boldsymbol{p}(m,n) = \begin{bmatrix} 0 & 1 & 0 \\ 1 & -4 & 1 \\ 0 & 1 & 0 \end{bmatrix}$$

$$pp(m,n) = \begin{cases} \boldsymbol{p}(m,n), & 0 \leqslant m \leqslant 2 \text{ 且 } 0 \leqslant n \leqslant 2 \\ 0, & 3 \leqslant m \leqslant M-1 \text{ 且 } 3 \leqslant n \leqslant N-1 \end{cases}$$

$P(u,v)$ 为 $pp(m,n)$ 的傅里叶变换。

解答　约束最小平方滤波器实现程序如下:

```
clc;
d=5;
```

```matlab
h = zeros(2 * d + 1,2 * d + 1);
h(d + 1,1:2 * d + 1) = 1/(2 * d);
```

%   模糊原图像并加入噪声
```matlab
fig1 = imread('e:/bmp/cameraman.bmp');
[m n] = size(fig1);
fe = zeros(m + 2 * d,n + 2 * d);
fe(1:m,1:n) = fig1;
he = zeros(m + 2 * d,n + 2 * d);
he(1:2 * d + 1,1:2 * d + 1) = h;
F = fft2(fe);
H = fft2(he);
g = imnoise(uint8(ifft2(F. * H)),'gaussian',0,0.0001);
G = fft2(double(g));
```

%   使用 LMS(最小均方)滤波器恢复图像
```matlab
p = [0 1 0;1 - 4 1;0 1 0];
pp = zeros(m + 2 * d,n + 2 * d);
pp(1:3,1:3) = p;
P = fft2(pp);
r = 0.001;
F_est = (conj(H). /(abs(H).^2 + r. * abs(P).^2)). * G;
fig_est = real(ifft2(F_est));
```

%   显示原图像
```matlab
subplot(1,3,1);
imshow(fig1);
title('原图像');
xlabel('(a) original image');
```

%   显示退化图像
```matlab
subplot(1,3,2);
imshow(uint8(g(d + 1:m + d,d + 1:n + d)),[min(g(:)) max(g(:))]);

xlabel('(b) degraded image');
title('加噪声的退化图像');
```

```
%        显示恢复图像
subplot(1,3,3);
imshow(uint8(fig_est(1:m,1:n)),[min(fig_est(:)) max(fig_est(:))]);
title('恢复后的图像');
xlabel('(c) restored image');
```
程序运行结果如图 5.3 所示。

原图像   加噪声的退化图像   恢复后的图像

(a) original image   (b) degraded image   (c) restored image

图 5.3

例 5.7 对一幅图像进行仿射变换,使其变为原来大小的 1/4,再分别利用最近邻插值法、双线性插值法和三次内插法进行几何校正,将其校正为原始大小。

解答 几何畸变图像的恢复分为两步:第一步是对畸变的图像进行空间坐标的变换,使像素点落在正确的位置;第二步是重新确定空间变换后的像素点的灰度值。

Matlab 源程序如下:

```
f1 = imread('e:/bmp/cameraman.bmp');
[M N] = size(f1);
figure,imshow(f1);
title('the original image');
xlabel('(a) 原图像');

%        仿射变换
tform = maketform('affine',[0.5 0 0;0 0.5 0;0 0 1]);
g1 = imtransform(f1,tform,'bicubic');
figure,imshow(g1);
title('transfomed image');
xlabel('(b) 变换后图像');

g2 = im2double(g1(1:M/2,1:M/2));
g3 = zeros(size(g2)+1);
```

```
g3(2:(M/2 + 1),2:(N/2 + 1)) = g2;
[m n] = size(g3);
X = 1:m;
Y = 1:n;
[X1,Y1] = meshgrid(1.5:.5:m,1.5:.5:n);

%        灰度插值
J1 = interp2(X,Y,g3,X1,Y1,'nearest');

%        最近邻法插值
figure,imshow(J1);
title('nearest interpolation');
xlabel('(c) 邻域插值法校正后图像');
J2 = interp2(X,Y,g3,X1,Y1,'bilinear');

%        双线性内插法插值
figure,imshow(J2);
title('bilinear interpolation');
xlabel('(d) 双线性插值法校正后图像');
J3 = interp2(X,Y,g3,X1,Y1,'cubic');

%        三次内插法插值
figure,imshow(J3);
title('cubic interpolation');
xlabel('(e) 三次内插法校正后图像');
```
程序运行结果如图 5.4 所示。

the original image

(a) 原图像

transfomed image

(b) 变换后图像

nearest interpolation

bilinear interpolation

(c) 邻域插值法校正后图像

(d) 双线性插值法校正后图像

cubic interpolation

(e) 三次内插法校正后图像

图 5.4

5.5 习题及解答

题 5.1 什么叫做图像复原？图像复原与图像增强有何区别？

解答 图像复原，又叫图像恢复，就是尽可能地减少或消除图像质量的下降，恢复被退化的图像的本来面目。

图像复原与图像增强的主要区别如下：

首先，图像恢复利用退化模型来恢复图像，而图像增强一般无须对图像降质过程建立模型。

其次，图像恢复是针对图像整体，以改善图像的整体质量。而图像增强是针对图像的局部，以改善图像的局部特性，如图像的平滑和锐化。

再者，图像恢复的过程，要有一个客观的评价准则，而图像增强很少涉及统一的客观评价准则。

题 5.2 设图 5.1.4(见《数字图像处理(第二版)》)中的模型是线性移不变的，证明其输出功率可表示为

$$|G(u,v)|^2 = |H(u,v)|^2 |F(u,v)|^2 + |N(u,v)|^2$$

证明 由频域退化模型

$$G(u,v) = H(u,v)F(u,v) + N(u,v)$$

又因为 $|G(u,v)|^2$ 表示输出功率,是一个数值,所以 $E[|G(u,v)|^2] = |G(u, v)|^2$,即

$$\begin{aligned}
|G(u,v)|^2 &= E[|G(u,v)|^2] \\
&= E[|H(u.v)F(u,v) + N(u,v)|^2] \\
&= E[|H(u,v)F(u,v)|^2 + |N(u,v)|^2 \\
&\quad + 2|H(u,v)F(u,v)\|N(u,v)|] \\
&= E[|H(u,v)|^2|F(u,v)|^2] + E[|N(u,v)|^2] \\
&\quad + 2E[|H(u,v)F(u,v)\|N(u,v)|] \\
&= E[|H(u,v)|^2|F(u,v)|^2] + E[|N(u,v)|^2] \\
&= |H(u,v)|^2|F(u,v)|^2 + |N(u,v)|^2
\end{aligned}$$

其中用到了 f 与 n 不相关,即

$$E[|H(u,v)F(u,v)\|N(u,v)|] = 0$$

题 5.3 假设一台设备的卷积函数为 $h(r) = [(r^2 - \sigma^2)/\sigma^4]\exp(-r^2/2\sigma^2)$,其中 $r^2 = x^2 + y^2$。为了恢复由该卷积函数造成的模糊,需要设计一个限制性最小平方恢复滤波器。请推导其传递函数。

解答 由 $h(r) = [(r^2 - \sigma^2)/\sigma^4]\exp(-r^2/2\sigma^2)$ 可以得到

$$H(u,v) = -\sqrt{2\pi}\sigma(u^2 + v^2)\exp[-2\pi^2\sigma^2(u^2 + v^2)]$$

根据限制性最小平方滤波器的频域最优解表达式(5.4.28)(见《数字图像处理(第二版)》),该限制性最小平方滤波器的传递函数应为

$$H_{\text{CLMS}} = \frac{H^*(u,v)}{|H(u,v)|^2 + \gamma|C(u,v)|^2}$$

其中

$$|H(u,v)|^2 = 2\pi\sigma^2(u^2 + v^2)^2\exp[-4\pi^2\sigma^2(u^2 + v^2)]$$

而选择 Laplacian 算子为平滑约束算子,则

$$C(u,v) = -4\pi^2(u^2 + v^2)$$

代入得

$$H_{\text{CLMS}} = \frac{-\sqrt{2\pi}\sigma(u^2 + v^2)\exp[-2\pi^2\sigma^2(u^2 + v^2)]}{2\pi\sigma^2(u^2 + v^2)^2\exp[-4\pi^2\sigma^2(u^2 + v^2)] + \gamma 16\pi^4(u^2 + v^2)^2}$$

题 5.4 在连续线性移不变系统组成的维纳滤波器中,假设噪声与信号的功率谱之比为 $S_n(u,v)/S_f(u,v) = |H(u,v)|^2$,试求最佳估计 $\hat{f}(x,y)$ 的表达式。

解答 因为

$$\begin{aligned}
\hat{F}(u,v) &= \left\{\frac{H^*(u,v)}{|H(u,v)|^2 + \gamma[S_\eta(u,v)/S_f(u,v)]}\right\}G(u,v) \\
&= \left\{\frac{1}{H(u,v)} \cdot \frac{|H(u,v)|^2}{|H(u,v)|^2 + \gamma[S_\eta(u,v)/S_f(u,v)]}\right\}G(u,v)
\end{aligned}$$

由已知 $S_n(u,v)/S_f(u,v) = |H(u,v)|^2$，代入上式得

$$\hat{F}(u,v) = \left\{ \frac{1}{H(u,v)} \cdot \frac{|H(u,v)|^2}{|H(u,v)|^2 + \gamma |H(u,v)|^2} \right\} G(u,v)$$

$$= \frac{1}{H(u,v)} \cdot \frac{1}{1+\gamma} G(u,v)$$

则将 $\hat{f}(u,v)$ 反变换就可得到 $\hat{f}(x,y)$。

题 5.5 设点扩散函数

$$h(i,j) = \begin{cases} 1, & |i| = 0,1,2; \quad |j| = 0,1,2 \\ 0, & 其他 \end{cases}$$

若 $f(i,j)$ 定义在 $i,j = 0,1,2,3$，试写出 $h_e(i,j)$ 和循环矩阵 $\boldsymbol{H}$。

解答 由 h 的定义可知，h 为一个 5×5 的矩阵，其中各元素均为 1，而 f 是一个 4×4 的矩阵，所以周期延拓 $M = N = 4+5-1 = 8$，所以

$$h_e(i,j) = \begin{cases} 1, & -2 \leqslant i \leqslant 2 \text{ 且 } -2 \leqslant j \leqslant 2 \\ 0, & 3 \leqslant i \leqslant 5 \text{ 或 } 3 \leqslant j \leqslant 5 \end{cases}$$

从而得循环矩阵为

$$\boldsymbol{H} = \begin{bmatrix} \boldsymbol{H}_{-2} & \boldsymbol{H}_5 & \boldsymbol{H}_4 & \boldsymbol{H}_3 & \boldsymbol{H}_2 & \boldsymbol{H}_1 & \boldsymbol{H}_0 & \boldsymbol{H}_{-1} \\ \boldsymbol{H}_{-1} & \boldsymbol{H}_{-2} & \boldsymbol{H}_5 & \boldsymbol{H}_4 & \boldsymbol{H}_3 & \boldsymbol{H}_2 & \boldsymbol{H}_1 & \boldsymbol{H}_0 \\ \boldsymbol{H}_0 & \boldsymbol{H}_{-1} & \boldsymbol{H}_{-2} & \boldsymbol{H}_5 & \boldsymbol{H}_4 & \boldsymbol{H}_3 & \boldsymbol{H}_2 & \boldsymbol{H}_1 \\ \boldsymbol{H}_1 & \boldsymbol{H}_0 & \boldsymbol{H}_{-1} & \boldsymbol{H}_{-2} & \boldsymbol{H}_5 & \boldsymbol{H}_4 & \boldsymbol{H}_3 & \boldsymbol{H}_2 \\ \boldsymbol{H}_2 & \boldsymbol{H}_1 & \boldsymbol{H}_0 & \boldsymbol{H}_{-1} & \boldsymbol{H}_{-2} & \boldsymbol{H}_5 & \boldsymbol{H}_4 & \boldsymbol{H}_3 \\ \boldsymbol{H}_3 & \boldsymbol{H}_2 & \boldsymbol{H}_1 & \boldsymbol{H}_0 & \boldsymbol{H}_{-1} & \boldsymbol{H}_{-2} & \boldsymbol{H}_5 & \boldsymbol{H}_4 \\ \boldsymbol{H}_4 & \boldsymbol{H}_3 & \boldsymbol{H}_2 & \boldsymbol{H}_1 & \boldsymbol{H}_0 & \boldsymbol{H}_{-1} & \boldsymbol{H}_{-2} & \boldsymbol{H}_5 \\ \boldsymbol{H}_5 & \boldsymbol{H}_4 & \boldsymbol{H}_3 & \boldsymbol{H}_2 & \boldsymbol{H}_1 & \boldsymbol{H}_0 & \boldsymbol{H}_{-1} & \boldsymbol{H}_{-2} \end{bmatrix}$$

其中

$$\boldsymbol{H}_i = \begin{bmatrix} h_e(i,-2) & h_e(i,5) & \cdots & h_e(i,-1) \\ h_e(i,-1) & h_e(i,-2) & \cdots & h_e(i,0) \\ \vdots & \vdots & & \vdots \\ h_e(i,5) & h_e(i,4) & \cdots & h_e(i,-2) \end{bmatrix}, \qquad i = -2,-1,\cdots,5$$

$$\boldsymbol{H}_{-2} = \boldsymbol{H}_{-1} = \boldsymbol{H}_0 = \boldsymbol{H}_1 = \boldsymbol{H}_2 = \begin{bmatrix} 1 & 0 & 0 & 0 & 1 & 1 & 1 & 1 \\ 1 & 1 & 0 & 0 & 0 & 1 & 1 & 1 \\ 1 & 1 & 1 & 0 & 0 & 0 & 1 & 1 \\ 1 & 1 & 1 & 1 & 0 & 0 & 0 & 1 \\ 1 & 1 & 1 & 1 & 1 & 0 & 0 & 0 \\ 0 & 1 & 1 & 1 & 1 & 1 & 0 & 0 \\ 0 & 0 & 1 & 1 & 1 & 1 & 1 & 0 \\ 0 & 0 & 0 & 1 & 1 & 1 & 1 & 1 \end{bmatrix}$$

$$H_3 = H_4 = H_5 = 0$$

题 5.6 图像的几何校正一般包括哪几步？灰度插值法主要有哪三种方法？各有何特点？

解答 图像的几何校正主要包括如下两步：

(1) 空间坐标变换。重新排列图像平面上的像素以恢复原有的空间关系。

(2) 灰度值的确定。对空间变换后的像素赋予相应的灰度值，使之恢复原位置的灰度值，称为灰度插值。

常用的灰度插值方法有最近邻域法、双线性内插法和三次内插法三种。其中最近邻域法最为简单，但是效果最差。三次内插法效果最好，但是运算量最大。常用的方法是双线性内插法。

题 5.7 若 $f(1,1) = 1, f(1,2) = 5, f(2,1) = 3, f(2,2) = 4$，试分别用最近邻域法和双线性内插法确定点$(1.2,1.6)$的灰度值。

解答 (1) 最近邻域法。

通过计算点$(1.2,1.6)$到 $f(1,1), f(1,2), f(1,3), f(1,4)$ 的距离知，距离最近的是 $f(1,2)$，所以由最近邻域法得 $f(1.2,1.6) = f(1,2) = 5$。

(2) 双线性内插法。

利用本书 3.1.3 节中给出的双线性插值法公式计算。

将 $x = y = 1$ 和 $f(1,1) = 1, f(1,2) = 5, f(2,1) = 3, f(2,2) = 4$ 代入灰度的双线性插值法公式

$$f(x_0,y) = f(x,y) + (x_0 - x)[f(x+1,y) - f(x,y)]$$
$$f(x_0,y+1) = f(x,y+1) + (x_0 - x)[f(x+1,y+1) - f(x,y+1)]$$
$$f(x_0,y_0) = f(x_0,y) + (y_0 - y)[f(x_0,y+1) - f(x_0,y)]$$

可得

$$f(1.2,1) = f(1,1) + (1.2-1)[f(2,1) - f(1,1)]$$
$$= 1 + 0.2 \times (3-1) = 1.4$$
$$f(1.2,2) = f(1,2) + (1.2-1)[f(2,2) - f(1,2)]$$
$$= 5 + 0.2 \times (4-5) = 4.8$$
$$f(1.2,1.6) = f(1.2,1) + (1.6-1)[f(1.2,2) - f(1.2,1)]$$
$$= 1.4 + 0.6 \times (4.8-1.4)$$
$$= 3.44 \approx 3 \quad (四舍五入取整)$$

题 5.8 超分辨率图像复原的基本思想是什么？有哪些主要的算法？分别列出各算法的优缺点。

解答 超分辨率图像复原的基本思想是恢复图像截止频率以外的信息，使图像获得更多的细节和信息。按照其作用域大体可以分为两大类：频域法和空域法。频域法处理速度较快，实验仿真效果较好，但是由于在频域不能很好地包含先验知识，因此在实际应用中的效果并不理想。所以近年来研究的重点大都集中在空域

法上,而空域法中最重要的为 Bayes 分析法和凸集投影法。

题 5.9 超分辨率图像复原中存在哪些急需解决的问题?

解答 在超分辨率图像复原中,对于频域方法,其适用范围非常有限,所基于的理论前提过于理想化,因此不能有效地应用于多数应用场合。还有些方法,如凸集投影方法、迭代反投影方法、统计复原方法等,虽然其适用范围较广,但其运算量很大,这就限制了这些方法的使用,尤其在一些运算速度要求较高的场合。并且对于基于序列和多幅图像的超分辨率复原来说,图像的精确运动估计是十分重要的问题,否则会导致复原结果的严重偏差。另外目前为止的大多数方法,把运动估计与复原过程分离开了,而实际情况是图像的运动变形与模糊和噪声等退化因素具有密切的关系,把运动估计与复原过程分离开的做法是不合理的。这些问题都是急需要解决的。

第 6 章　图像压缩编码

6.1　学 习 要 点

掌握图像编码的基本概念,以及统计编码、预测编码、正交变换编码、二值图像编码的主要内容。熟悉统计编码、预测编码、正交变换编码、二值图像编码中典型编码的流程和特点。了解小波变换编码的特点和应用。

6.1.1　概述

图像中冗余的存在就为图像压缩带来了可能性。图像压缩编码就是图像数据的压缩和编码表示,是通过消除冗余来设法减少表达图像信息所需的数据的比特数。图像压缩可分为信息保持(存)型、信息损失型、特征抽取型或分为像素编码、预测编码、变换编码等。

6.1.2　图像编码的基本理论

(1)代表无用信息或重复表示了其他数据已经表示过的信息的数据称为数据冗余,常用压缩比和冗余度表示。数据冗余主要有编码冗余、像素间冗余和心理视觉冗余三种。

(2)信息传输系统的模型主要由编码器、信号传输、解码器三部分组成。图像编解码模型与此相对应。

(3)保真度准则对图像的失真程度或质量进行评价,以便将图像失真限制在限定的范围内,分为客观保真度准则和主观保真度准则。

6.1.3　无损压缩编码

(1)一个信息若能传达给我们许多原来未知的内容,其信息量就大;反之,一个信息传达给我们的是已经确知的东西,信息量就为零。信源的平均随机程度或平均信息量就称为信源的熵。

(2)基本编码定理包括无失真编码定理和变字长编码定理。

(3)霍夫曼编码是一种无损的统计编码,实际上是变长编码定理的一种实现算法。相比于霍夫曼编码方法,香农-费诺编码法更方便、更快捷,有时也能达到最优性能。

算术编码的基本原理是将被编码的信息流(称为消息)表示成实数 0 和 1 之间

的一个区间。消息越长,编码表示它的区间越小,表示这一小区间所需的二进制位数就越多。

6.1.4 限失真编码

在信息损失型(有损)压缩编码中,将失真限制在某一允许限度内,以达到高压缩比,称作限失真编码。限失真编码的方法主要包括预测编码和变换编码。

预测编码是建立在图像像素相关性基础上的,采用一定的数学模型对新的数据进行预测的一种编码技术。差分脉冲编码调制(简称 DPCM)是预测编码中最有代表性的编码方法。其原理是:将输入序列与预测值相减,得到预测误差值,将预测误差值进行量化编码后,经过信道传送。

变换编码在目前的图像压缩中得到了最广泛的应用,成为除二值图像编码外几乎所有图像和视频压缩标准(如 JPEG,JPEG2000 等)的主要工具。由于压缩过程中要对原始图像作正交变换,一般使得能量集中于低频区,低频区系数能量大,而高频区系数能量小;然后再对变换系数进行截取或量化编码。

6.1.5 二值图像编码

二值图像编码是指针对于黑白两个亮度值的图像编码。文中主要介绍了常数块编码、游程编码(RLC)和四叉树编码。

6.1.6 小波变换及在图像压缩编码中的应用

当图像经小波变换后,能量进行了重新分配,绝大多数能量集中在低频,这样就可根据人的视觉的生理和心理特点,对不同的小波图像采取不同的量化和编码处理,以达到压缩的目的。小波变换编码将图像分成不同的空间方向和不同分辨率的子带图像,小波变换的局部性使得不同尺度上相同位置的小波系数之间存在着空间相似性,也就是任何图像特征如边缘、轮廓,在所有层的同一位置有很大相关性。这样相同空间位置上的小波系数,在同一方向低频子带和相邻高频子带之间存在四叉树关系,可以采用小波变换的树型结构来进行编码。

EZW(the embedded zerotree wavelet algorithm)是用小波系数的零树进行嵌入式编码。SPIHT 算法是 EZW 算法的发展。

6.2 难点和重点

本章重点是图像编码的基本概念和各个编码方法的主要内容和特点。

难点 1 是小波变换在图像编码中的应用。

难点 2 是算术编码的平均码字长及编码效率的计算:

假设信源中有 M 种不同的符号,每种符号出现的概率为 P_i,则该信源的熵为

$$H = -\sum_{i=1}^{M} P_i \log_2 P_i$$

又假设输入信息流中总共有 N 个符号,信源中各种符号在信息流中出现的次数为 c_i,那么 $\sum_{i}^{M} c_i = N$,同时有 $P_i = \dfrac{c_i}{N}, i = 1, 2, \cdots, M$。

在算术编码中,最后的区间间隔为

$$\Delta = P_1^{c_1} \times P_2^{c_2} \times \cdots \times P_M^{c_M}$$

为了用二进制数表示这个区间,需要使用的比特数为

$$L = -\log_2 \Delta + \varepsilon, \qquad 0 \leqslant \varepsilon < 1$$

因此 $L = \mathrm{ceil}(-\log_2 \Delta)$,这里 ceil 是向上取整。

因此,平均每个符号需要的比特数为

$$
\begin{aligned}
L_{\mathrm{avg}} &= \frac{L}{N} = \frac{-\log_2 \Delta + \varepsilon}{N} \\
&= -\frac{\log_2 (P_1^{c_1} \times P_2^{c_2} \times \cdots \times P_M^{c_M}) + \varepsilon}{N} \\
&= -\sum_{i=1}^{M} \left(\frac{c_i}{N} \log_2 P_i \right) + \frac{\varepsilon}{N} \\
&= -\sum_{i=1}^{N} P_i \log_2 P_i + \frac{\varepsilon}{N} = H + \frac{\varepsilon}{N}
\end{aligned}
$$

编码效率

$$\eta = \frac{H}{L_{\mathrm{avg}}} = \frac{H}{H + \dfrac{\varepsilon}{N}}$$

显然

$$L_{\mathrm{avg}} \geqslant H$$

因此,当 $N \to \infty$ 时

$$L_{\mathrm{avg}} = H$$

从而验证了算术编码理论上可以得到无失真编码定理给出的极限(信息熵)。

关于算术编码的平均码字长计算及编码效率的计算实例见习题 6.6 的解答。

6.3 典型例题

例 6.1 设原始图像为 $f(m,n)$,对其进行有损压缩再解压后的输出图像为 $g(m,n)$,求出输出图像的均方根信噪比 $\mathrm{SNR_{rms}}$ 和峰值信噪比 PSNR。其中

$$f(m,n) = \begin{bmatrix} 1 & 2 \\ 3 & 4 \end{bmatrix}, \quad g(m,n) = \begin{bmatrix} 1 & 3 \\ 4 & 3 \end{bmatrix}$$

解答 解压前后的误差图像为

$$e(m,n) = g(m,n) - f(m,n) = \begin{bmatrix} 0 & 1 \\ 1 & -1 \end{bmatrix}$$

(1) 均方根信噪比为

$$\text{SNR}_{\text{rms}} = \left[\frac{\sum_{m=0}^{M-1} \sum_{n=0}^{N-1} f^2(m,n)}{\sum_{m=0}^{M-1} \sum_{n=0}^{N-1} e^2(m,n)} \right]^{\frac{1}{2}} = \sqrt{10}$$

实际应用中,常将均方根信噪比归一化并用分贝表示

$$\text{SNR} = 10\lg \left\{ \frac{\sum_{m=0}^{M-1} \sum_{n=0}^{N-1} [f(m,n) - \hat{f}]^2}{\sum_{m=0}^{M-1} \sum_{n=0}^{N-1} e^2(m,n)} \right\}$$

其中,$\hat{f}$ 为图像平均值,即

$$\hat{f} = \frac{1}{MN} \sum_{m=0}^{M-1} \sum_{n=0}^{N-1} f(m,n)$$

将具体数据代入,即得

$$\text{SNR} \approx 2.22 \text{ dB}$$

(2) $f_{\text{max}} = \max\{f(m,n); m = 0,1,\cdots,M-1; n = 0,1,\cdots,N-1\} = 4$

则峰值信噪比为

$$\text{PSNR} = 10\lg \left[\frac{f_{\text{max}}^2}{\frac{1}{MN} \sum_{m=0}^{M-1} \sum_{n=0}^{N-1} e^2(m,n)} \right]$$

$$= 10\lg \left[\frac{4^2}{\frac{3}{2 \times 2}} \right] \approx 13.29 (\text{dB})$$

例 6.2 设图像矩阵为

$$f(m,n) = \begin{bmatrix} 3 & 3 & 3 & 3 & 3 & 3 & 3 & 1 \\ 3 & 3 & 3 & 3 & 3 & 3 & 3 & 1 \\ 3 & 4 & 4 & 4 & 4 & 4 & 3 & 1 \\ 3 & 4 & 5 & 5 & 5 & 4 & 3 & 1 \\ 3 & 4 & 2 & 5 & 2 & 4 & 3 & 1 \\ 3 & 4 & 5 & 5 & 5 & 4 & 3 & 1 \\ 3 & 4 & 4 & 4 & 4 & 4 & 3 & 1 \\ 3 & 3 & 3 & 3 & 3 & 3 & 3 & 1 \end{bmatrix}$$

对其进行 Huffman 编码,给出编码过程和码字,并计算平均码字长、信息熵、编码效率和压缩比。

解答 先计算每个符号(灰度级)出现的概率

$$P(1) = 8/64 , \quad P(2) = 2/64 , \quad P(3) = 31/64$$

$$P(4) = 16/64 , \quad P(5) = 7/64$$

Huffman 编码过程如图 6.1 所示。

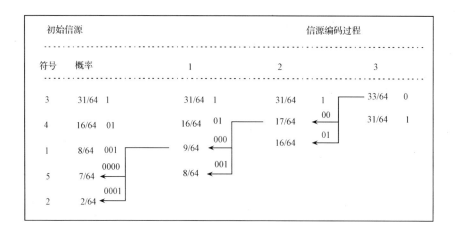

图 6.1

获得的码字见下表:

灰度级(i)	1	2	3	4	5
概率 $P(i)$	8/64	2/64	31/64	16/64	7/64
码字(M)	001	0001	1	01	0000
码字长($L(i)$)	3	4	1	2	4

平均码字长为

$$L_{avg} = \sum_{i=1}^{5} P(i)L(i) = (8/64) \times 3 + (2/64) \times 4 + 31/64 \times 1 + 16/64 \times 2$$
$$+ (7/64) \times 4 = 1.921875(\text{bit}/\text{符号})$$

信息熵为

$$H(f) = -\sum_{i=1}^{5} P(i)\log_2 P(i)$$
$$= -[(8/64)\log_2(8/64) + (31/64)\log_2(31/64) + (16/64)\log_2(16/64)$$
$$+ (7/64)\log_2(7/64) + (2/64)\log_2(2/64)] = 1.887$$

那么,编码效率为

$$\eta = \frac{H}{L_{\text{avg}}} = \frac{1.887}{1.921875} = 0.9819$$

压缩比为

$$C_{\text{R}} = \frac{m}{L_{\text{avg}}} = \frac{3}{1.921875} = 1.56$$

6.4 示 例 程 序

例 6.3 对于给定的任意符号序列,给出其算术编码和解码的程序,并给出编解码示例。

解答 算术编码步骤如下:

(1) 统计信息流中每个符号的概率。

(2) 设置"当前区间"为 $[0,1]$。

(3) 对输出字符串或信息流的每个符号,编码器按步骤①和②进行处理:

① 将"当前区间"分成子区间,该子区间的长度正比于符号的概率。

② 选择子区间对应于下一个信源符号,并使它成为新的"当前区间"。

(4) 将整个输入信息流处理后,输出的"当前区间"中任意取一个数就是该给输入信息流的算术编码。

以信息流 $[3,3,2,1,4]$ 为例,首先统计各符号的概率: $P_1 = 0.2$, $P_2 = 0.2$, $P_3 = 0.4$, $P_4 = 0.2$。图 6.2 是该信息流的算术编码过程图解。

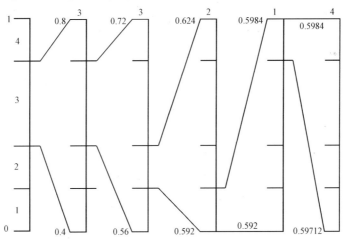

图 6.2 算术编码过程图解

Matlab 源程序如下:

(1) 调用编码、解码函数进行算术编码和解码的示例程序(函数)。

%　　　调用编码、解码函数进行算术编码和解码的示例程序(函数)

```
function [out,inv_x] = test_arth(in)
clc;
clear all;
close all;
format long
%     in:输入信息流
%     out:输出小数
%     inv_x 解码输出信息流
in = [3 3 2 1 4];    %     举例
[temp,p_space,symbol,L] = en_code(in);    %     编码
[inv_x] = de_code(temp,p_space,symbol,L)    %     解码
```

(2) 算术编码程序(函数)。

```
%     编码函数
function [temp,p_space,symbol,L] = en_code(in)
symbol = unique(in);
L = length(in);
n = length(symbol);
in
%     符号的概率统计
for i = 1:n
    p(i) = length(find(in = = symbol(i)))/L;
end


%     建立符号的概率间隔空间
temp = 0;
for i = 1:n
    p_space(i,1:2) = [temp,temp + p(i)];
    temp = temp + p(i);
end


%     编码
out = p_space(sym_ind(symbol,in(1)),1:2);
for i = 2:L
    out = out(1) + (out(2) - out(1)) * p_space(sym_ind(symbol,in(i)),1:2);
end
```

```
%       输出间隔区间
out
%       寻找最后区间内的一个二进制小数 temp
[temp,l] = short_ab(out(1),out(2));
temp
%       编码二进小数 temp 需要的比特数
l


function i = sym_ind(symbol,a)
%       符号到序号的索引
   i = find(symbol = = a);


%       寻找区间[a,b]中二进制表示最少的数
function[c,l] = short_ab(a,b)
c = 0;
i = 1;
while(1)
    a = 2 * a;
    b = 2 * b;
    if floor(a)~ = floor(b)
        break;
    end
    c = c + floor(a) * 2^-i;
    i = i + 1;
    a = a - floor(a);
    b = b - floor(b);
end
c = c + 2^-(i);
l = i;
```

（3）算术解码程序（函数）。

```
%       解码函数
function [inv_x] = de_code(temp,p_space,symbol,L)
%       解码
for i = 1:L
    k = spac_ind(p_space,temp);
```

```
        inv_x(i) = symbol(k);
        range = p_space(k,2) − p_space(k,1);
        temp = (temp − p_space(k,1))/range;
    end
%    解码输出


function b = spac_ind(space1,a)
    %    间隔区间到序号的索引
    M = size(space1,1);
    for i = 1:M
        if a > = space1(i,1)&&a < space1(i,2)
            b = i;
            break;
        end
    end
```

程序运行结果如下：
```
%    输入信息流
in =
    3   3   2   1   4
%    输出间隔区间
out =
    0.59712000000000    0.59840000000000
%    寻找最后区间内的一个二进制小数
temp =
    0.59765625000000
%    编码小数 temp 需要的比特数
l =
    8
%    解码输出
inv_x =
    3       3       2       1       4
```

例 6.4 编写 Matlab 程序,对一幅二值图像进行四叉树编码和解码,并给出编码和解码的示例结果。

解答 四叉树编码从建立孤立节点开始,它是四叉树的根。首先把位图分为 4 个象限,每个成为根的子节点。如果对应区域为相同像素值,则它成为根的叶子节点,否则成为根的一个子节点。把任何不具有相同像素值的区域递归地划分为

4 个更小的子象限,它是四叉树的 4 个兄弟节点。

二值图像区域 S_i,大小记为 $M_i \times N_i$,区域内像素值求和得到 T_i。编码算法步骤如下:

(1) 分割一幅位图为 4 个象限 $S_1 \sim S_4$(从左到右,从上到下)。

(2) 对于 $i = 1,2,3,4$,依次

  如果 $M_i = 2$ 且 $N_i = 2$

    依次输出其四个叶子的像素比特值;

  否则:

    如果 $0 < T_i < M_i N_i$,输出比特 1;

      继续四叉树分割 S_i,goto(1)(递归编码过程);

    否则,输出比特 0;

      如果 $T_i = 0$,输出比特 0;

      否则,输出比特 1;

解码算法是编码算法的逆过程。图 6.3 给出了一个例子的图示和说明。

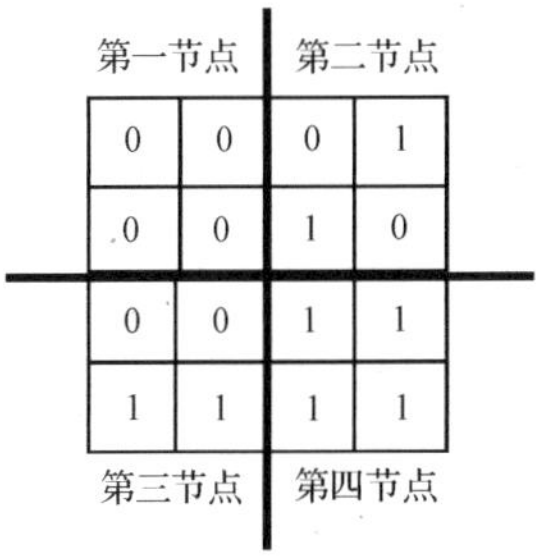

第一节点		第二节点	
0	0	0	1
0	0	1	0
0	0	1	1
1	1	1	1
第三节点		第四节点	

第一节点:out=0,0; 0 表示区域数据全一样,0 表示全为 0
第二节点:out=1,0,1,1,0; 1 表示区域数据不全一样,0,1,1,0
    分别是区域的四个数据
第三节点:out=1,0,0,1,1; 1 表示区域数据不全一样,0,0,1,1
    分别是区域的 4 个数据
第四节点:out=0,1; 0 表示区域数据全一样,1 表示全为 1

图 6.3　例子说明

Matlab 源程序为:

(1) 调用四叉树编码、解码函数进行编解码的示例程序(函数)。

```
%      调用四叉树编码、解码函数进行编解码的示例程序(函数)
function quad_tree_demo()
M = [0,0,0,1;0,0,1,0;0,0,1,1;1,1,1,1]    %      输入图像
%      编码
point = 1;
out = [];
[out,point] = en_quad_tree(M,0,0,size(M,1),size(M,2),out,point);
%      编码
%      压缩码流
out
```

```
%   解码
point = 1;
[a,point] = de_quad_tree(zeros(size(M)),0,0,size(M,1),size(M,2),
out,point);  %   解码
%   解码图像
a
```

(2) 四叉树编码程序(函数)。

```
%   四叉树编码程序(函数)
function [out,point] = en_quad_tree(M,x,y,k,l,out,point)


%   M 为输入方形位图数据
%   x 为 M 的行方向起点位置
%   y 为 M 的列方向起点位置
%   k 为行方向长度
%   l 为列方向长度
%   out 为编码输出向量
%   point 为编码输出指针(向量地址)
if k = = 2&l = = 2  %   最小的区域 2×2,直接输出 4 个 bit
        out(point) = M(x + 1,y + 1);
        point = point + 1;
        out(point) = M(x + 1,y + 2);
        point = point + 1;
        out(point) = M(x + 2,y + 1);
        point = point + 1;
        out(point) = M(x + 2,y + 2);
        point = point + 1;
    else
      k = k/2;
      l = l/2;
      a1 = M(x + (1:k),y + (1:l));  %   四叉树第一个节点
      temp = sum(a1(:));
    if   temp<k * l & temp>0   %   区域不全为 0 或不全为 1
        out(point) = 1;
        point = point + 1;
        [out,point] = en_quad_tree(M,x,y,k,l,out,point);  %   迭代
    else   %   区域全为 0 或全为 1
```

```matlab
        out(point) = 0;
        point = point + 1;
        if temp = = 0    %    区域全为0
            out(point) = 0;
            point = point + 1;
        else   %    区域全为1
            out(point) = 1;
            point = point + 1;
        end
    end


y = y + 1;
a1 = M(x + (1:k),y + (1:l));    %    四叉树第二个节点
    temp = sum(a1(:));
    if   temp<k * l & temp>0    %    区域不全为0或不全为1
        out(point) = 1;
        point = point + 1;
        [out,point] = en_quad_tree(M,x,y,k,l,out,point);   %    迭代
    else   %    区域全为0或全为1
        out(point) = 0;
        point = point + 1;
        if temp = = 0    %    区域全为0
            out(point) = 0;
            point = point + 1;
        else    %    区域全为1
            out(point) = 1;
            point = point + 1;
        end
    end


x = x + k;
y = y - 1;
a1 = M(x + (1:k),y + (1:l));        %    四叉树第三个节点
    temp = sum(a1(:));
    if   temp<k * l & temp>0    %    区域不全为0或不全为1
        out(point) = 1;
```

```
        point = point + 1;
        [out,point] = en_quad_tree(M,x,y,k,l,out,point);    %      迭代
    else    %      区域全为 0 或全为 1
        out(point) = 0;
        point = point + 1;
        if temp = = 0    %      区域全为 0
            out(point) = 0;
            point = point + 1;
        else    %      区域全为 1
            out(point) = 1;
            point = point + 1;
        end
    end
end


    y = y + 1;
    a1 = M(x + (1:k),y + (1:l));
     temp = sum(a1(:));    %        四叉树第四个节点
    if   temp<k * l & temp>0    %      区域不全为 0 或不全为 1
        out(point) = 1;
        point = point + 1;
        [out,point] = en_quad_tree(M,x,y,k,l,out,point);    %      迭代
    else    %      区域全为 0 或全为 1
        out(point) = 0;
        point = point + 1;
        if temp = = 0    %      区域全为 0
            out(point) = 0;
            point = point + 1;
        else    %      区域全为 1
            out(point) = 1;
            point = point + 1;
        end
    end
end
```

（3）四叉树解码程序（函数）。

     %   四叉树解码程序（函数）

```
function [M,point] = de_quad_tree(M,x,y,k,l,out,point)
%    M 为输入方形位图数据
%    x 为 M 的行方向起点位置
%    y 为 M 的列方向起点位置
%    k 为行方向长度
%    l 为列方向长度
%    out 为编码输出向量
%    point 为编码输出指针(向量地址)

        if k = = 2&l = = 2    %     最小的区域 2×2,直接输出四个 bit
        M(x + 1,y + 1) = out(point);
        point = point + 1;
        M(x + 1,y + 2) = out(point);
        point = point + 1;
        M(x + 2,y + 1) = out(point);
        point = point + 1;
        M(x + 2,y + 2) = out(point);
        point = point + 1;
    else
      k = k/2;
      l = l/2;
      %    四叉树第一个节点
      if   out(point) = = 1   %    区域不全为 0 或不全为 1
          point = point + 1;
          [M,point] = de_quad_tree(M,x,y,k,l,out,point);  %     迭代
      else   %    区域全为 0 或全为 1
          point = point + 1;
          if out(point) = = 0   %    区域全为 0
              point = point + 1;
              M(x + (1:k),y + (1:l)) = 0;
          else   %    区域全为 1
              point = point + 1;
              M(x + (1:k),y + (1:l)) = 1;
          end
      end
    y = y + l;  %    四叉树第二个节点
      if   out(point) = = 1   %    区域不全为 0 或不全为 1
```

```
        point = point + 1;
        [M,point] = de_quad_tree(M,x,y,k,l,out,point);    %    迭代
    else                    %    区域全为0或全为1
        point = point + 1;
        if out(point) = = 0    %    区域全为0
            point = point + 1;
            M(x + (1:k),y + (1:l)) = 0;
        else                    %    区域全为1
            point = point + 1;
            M(x + (1:k),y + (1:l)) = 1;
        end
    end


    x = x + k;
    y = y - l;    %    四叉树第三个节点
    if  out(point) = = 1      %    区域不全为0或不全为1
        point = point + 1;
        [M,point] = de_quad_tree(M,x,y,k,l,out,point);    %    迭代
    else              %    区域全为0或全为1
        point = point + 1;
        if out(point) = = 0    %    区域全为0
            point = point + 1;
            M(x + (1:k),y + (1:l)) = 0;
        else              %    区域全为1
            point = point + 1;
            M(x + (1:k),y + (1:l)) = 1;
        end
    end


    y = y + l;    %        四叉树第四个节点
    if  out(point) = = 1    %        区域不全为0或不全为1
        point = point + 1;
        [M,point] = de_quad_tree(M,x,y,k,l,out,point);    %    迭代
    else            %        区域全为0或全为1
        point = point + 1;
        if out(point) = = 0    %        区域全为0
```

```
                        point = point + 1;
                        M(x + (1:k),y + (1:l)) = 0;
                  else                    %         区域全为 1
                        point = point + 1;
                        M(x + (1:k),y + (1:l)) = 1;
                  end

            end

      end
```

程序运行结果如下：
```
%       输入图像
M =  0    0    0    1
     0    0    1    0
     0    0    1    1
     1    1    1    1
%       编码流输出
out =
     0   0   1   0   1   1   0   1   0   0   1   1   0   1
%       解码图像
a =  0    0    0    1
     0    0    1    0
     0    0    1    1
     1    1    1    1
```

6.5 习题及解答

题 6.1 什么是数据冗余？数字图像中存在哪几种冗余？各有何特点？如何减少或消除？

解答 代表无用信息或重复表示了其他数据已经表示过的信息的数据称为数据冗余。

数据冗余主要有编码冗余、像素间冗余和心理视觉冗余三种。

① 不同的编码方法可能会有不同的平均码字长 L_{avg}，由此引出两种编码冗余。

相对编码冗余：不同的编码方法会形成不同的 L_{avg}，L_{avg} 大的编码相对于 L_{avg}

小的编码就存在相对编码冗余。

绝对编码冗余:若 L_{avg} 的下限 L_{min} 存在,则使 $L_{avg} > L_{min}$ 的编码存在绝对编码冗余。

② 由于像素间存在相关性,那么对于任一给定的像素值,原理上都可以通过它的相邻像素值预测得到。因此像素间的相关性,带来了像素间的冗余。通过某种变换来消除像素间的相关性达到了消除像素间冗余的目的。

③ 由于人的心理视觉特点,即人观察图像是基于目标物特征而不是像素,这就使得某些信息显得不重要(不必要),可以忽略,则表示这些可忽略信息的数据就称为心理视觉冗余。

对于数据冗余,通过改变信息的描述方法,可以压缩掉这些冗余,可进行所谓的无损压缩;对于视觉心理冗余,忽略一些视觉不太明显的微小差异,可进行所谓的有损压缩。

题 6.2 某视频图像为每秒 30 帧,每帧大小为 512×512,32 位真彩色。现有 40 GB 的可用硬盘空间,可以存储多少秒的该视频图像?若采用隔行扫描且压缩比为 10 的压缩方法,又能存储多少秒的该视频图像?

解答 (1) 40 GB 的硬盘可以存储该视频图像

$$\frac{40 \times 2^{30} \times 8}{512 \times 512 \times 32 \times 30} \approx 1365.33(\mathrm{s})$$

(2) 采用隔行扫描且压缩比为 10 的压缩方法,40 GB 的硬盘可以存储该视频图像

$$\frac{40 \times 2^{30} \times 8}{512 \times 512 \times 32 \times 30 \times \frac{1}{2} \times \frac{1}{10}} \approx 27306.67(\mathrm{s})$$

题 6.3 客观保真度准则和主观保真度准则各有什么特点?

解答 客观保真度准则提供了一个简单、方便的评估信息损失的方法,它用编码输入图像与编码输出图像的差值函数表示图像压缩所损失的信息。它不受观察者主观因素的影响。

但对于大多数最终供人看的解压图像,用主观评价方法来测评图像的质量更为合适。主观保真度准则就是利用人去评价图像质量的标准,它直接与应用目的相联系。

题 6.4 简述图像压缩系统的组成,并且简要说明编码器的功能。

解答 一个常用的图像压缩系统包括信源编码器、信道编码器、信道、信道解码器、信源解码器。信源编码器和信道编码器合在一起称为编码器;信源解码器和信道解码器合在一起称为解码器。

信源编码器用来减少或消除输入图像的编码冗余、像素间冗余或心理视觉冗余。信道编码器用来增强信源编码器输出抗噪声或干扰性能力。

题 6.5　一个具有三个符号的信源有多少个唯一的哈夫曼编码？构造这些码。

解答　（1）一个具有三个符号的信源共有四种唯一的哈夫曼编码。

（2）四种码见下表：

符号	第一种码	第二种码	第三种码	第四种码
a	0	0	1	1
b	10	11	00	01
c	11	10	01	00

题 6.6　已知符号 A、B、C 出现的概率分别为 0.4、0.2 和 0.4，请对符号串 BACCA 进行算术编码，写出编码过程，求出信息的熵、平均码长和编码效率。

解答　先确定信源符号，概率和初始编码间隔见下表：

符号	A	B	C
概率	0.4	0.2	0.4
初始编码间隔	$[0,0.4)$	$[0.4,0.6)$	$[0.6,1)$

编码过程见下表：

步骤	输入符号	编码间隔	编码判定
1	B	$[0.4,0.6)$	符号间隔 $[0.4,0.6)$
2	A	$[0.4,0.48)$	$[0.4,0.6)$ 间隔的 0～40%
3	C	$[0.448,0.48)$	$[0.4,0.48)$ 间隔的 60%～100%
4	C	$[0.4672,0.48)$	$[0.448,0.48)$ 间隔的 60%～100%
5	A	$[0.4672,0.47232)$	$[0.4672,0.48)$ 间隔的 0～40%
6		$[0.4672,0.47232)$ 中选择一个数 0.46875 作为输出	

对 BACCA 进行编码：

第一个编码符号为"B"，其初始区间为 $[l,h]=[0.4,0.6)$，则"当前区间" $[L(1),H(1))$ 为

$$\begin{cases} L(1)=L(0)+R(0)\times l \\ H(1)=L(0)+R(0)\times h \end{cases}$$

其中 $[L(0),H(0))=[0,1)$，则 $R(0)=H(0)-L(0)=1-0=1$。所以

$$\begin{cases} L(1)=0+1\times0.4 \\ H(1)=0+1\times0.6 \end{cases}$$

第二个编码符号为"A"，则其 $[l,h]=[0,0.4)$，$R(1)=H(1)-L(1)=0.6-0.4=0.2$。所以

$$\begin{cases} L(2)=L(1)+R(1)\times l=0.4+0.2\times0=0.4 \\ H(2)=L(1)+R(1)\times h=0.4+0.2\times0.4=0.48 \end{cases}$$

则"BA"的编码区间为

$$[L(2),H(2))=[0.4,0.48)$$

第三个编码符号为"C"，则其 $[l,h]=[0.6,1)$，$R(2)=H(2)-L(2)=$

$0.48-0.4=0.08$。所以

$$\begin{cases} L(3)=L(2)+R(2)\times l=0.4+0.08\times 0.6=0.448 \\ H(3)=L(2)+R(2)\times h=0.4+0.08\times 1=0.48 \end{cases}$$

则"BAC"的编码区间为

$$[L(3),H(3))=[0.448,0.48)$$

第四个编码符号为"C",则其 $[l,h]=[0.6,1)$，$R(3)=H(3)-L(3)=$ $0.48-0.448=0.032$。所以

$$\begin{cases} L(4)=L(3)+R(3)\times l=0.448+0.032\times 0.6=0.4672 \\ H(4)=L(3)+R(3)\times h=0.448+0.032\times 1=0.48 \end{cases}$$

则"BACC"的编码区间为

$$[L(4),H(4))=[0.4672,0.48)$$

第五个编码符号为"A",则其 $[l,h]=[0,0.4)$，$R(4)=H(4)-L(4)=$ $0.48-0.4672=0.0128$。所以

$$\begin{cases} L(5)=L(4)+R(4)\times l=0.4672+0.0128\times 0=0.4672 \\ H(5)=L(4)+R(4)\times h=0.4672+0.0128\times 0.4=0.47232 \end{cases}$$

则"BACCA"的编码区间为

$$[L(5),H(5))=[0.4672,0.47232)$$

用二进制表示约为：$[0.011101111001,0.011110001110)$，取区间位数最少的一个数 0.01111 作为信息源"BACCA"的输出,同时"0"也可忽略。

所以,"BACCA"的编码值为 01111。

信源熵为

$$H=-\sum_{i=1}^{3}p(a_i)\log_2 p(a_i)$$

$$=-[p(A)\times\log_2 p(A)+p(B)\times\log_2 p(B)+p(C)\times\log_2 p(C)]$$

$$=-(0.4\times\log_2 0.4+0.2\times\log_2 0.2+0.4\times\log_2 0.4)=1.52$$

平均码长为

$$L=\text{ceil}(-\log_2(0.47232-0.4672))/5=1.6(\text{bit}/\text{符号})$$

编码效率

$$\eta=\frac{H}{L}=\frac{1.52}{1.6}=0.95$$

题 6.7 简述无损预测编码与有损预测编码的异同。

解答 无损预测编码与有损预测编码两者都是利用原图像与其预测图像的差值代替原图像进行编码。

两者区别是有损预测编码中增加了一个数字量化器,以用较小的信息损失换来较大的压缩比。而无损预测编码是不需要量化器的。

题 6.8 设图像 $f(m,n)$ 为一阶马尔可夫过程,其归一化自相关系数为

$$r(i,j) = \frac{R(i,j)}{R(0,0)} = \rho_1^{|i|} \rho_2^{|j|}, \quad 0 < \rho_1, \quad \rho_2 < 1$$

若采用三阶预测,求其最优线性预测器[提示:三阶线性预测器为 $\hat{f}_3(m,n)$ $= a_1 f(m,n-1) + a_2 f(m-1,n) + a_3 f(m-1,n-1)$]。

解答 三阶线性预测器为

$$\hat{f}_3(m,n) = a_1 f(m,n-1) + a_2 f(m-1,n) + a_3 f(m-1,n-1)$$

自相关矩阵

$$\boldsymbol{R} = \begin{bmatrix} E\{f_{n-1}f_{n-1}\} & E\{f_{n-1}f_{n-2}\} & \cdots & E\{f_{n-1}f_{n-m}\} \\ E\{f_{n-2}f_{n-1}\} & E\{f_{n-2}f_{n-2}\} & \cdots & E\{f_{n-2}f_{n-m}\} \\ \vdots & \vdots & & \vdots \\ E\{f_{n-m}f_{n-1}\} & E\{f_{n-m}f_{n-2}\} & \cdots & E\{f_{n-m}f_{n-m}\} \end{bmatrix}$$

本题中自相关矩阵为

$$\boldsymbol{R} = \begin{bmatrix} E\{f(m,n-1)f(m,n-1)\} & E\{f(m,n-1)f(m-1,n)\} & E\{f(m,n-1)f(m-1,n-1)\} \\ E\{f(m-1,n)f(m,n-1)\} & E\{f(m-1,n)f(m-1,n)\} & E\{f(m-1,n)f(m-1,n-1)\} \\ E\{f(m-1,n-1)f(m,n-1)\} & E\{f(m-1,n-1)f(m-1,n)\} & E\{f(m-1,n-1)f(m-1,n-1)\} \end{bmatrix}$$

由于其归一化自相关系数为

$$r(i,j) = \frac{R(i,j)}{R(0,0)} = \rho_1^{|i|} \rho_2^{|j|}, \quad 0 < \rho_1, \quad \rho_2 < 1$$

则归一化自相关矩阵为

$$\bar{\boldsymbol{R}} = \begin{bmatrix} 1 & \rho_1\rho_2 & \rho_1 \\ \rho_1\rho_2 & 1 & \rho_2 \\ \rho_1 & \rho_2 & 1 \end{bmatrix}$$

又因为 m 元向量

$$\boldsymbol{r} = \begin{bmatrix} E\{f_n f_{n-1}\} \\ E\{f_n f_{n-2}\} \\ \vdots \\ E\{f_n f_{n-m}\} \end{bmatrix}, \quad \boldsymbol{a} = \begin{bmatrix} a_1 \\ a_2 \\ \vdots \\ a_m \end{bmatrix}$$

则本题中

$$\boldsymbol{r} = \begin{bmatrix} E\{f(m,n)f(m,n-1)\} \\ E\{f(m,n)f(m-1,n)\} \\ E\{f(m,n)f(m-1,n-1)\} \end{bmatrix}$$

归一化

$$\boldsymbol{r} = \begin{bmatrix} \rho_2 \\ \rho_1 \\ \rho_1\rho_2 \end{bmatrix}, \quad \boldsymbol{a} = \begin{bmatrix} a_1 \\ a_2 \\ a_3 \end{bmatrix}$$

因为 $\boldsymbol{a} = (\bar{\boldsymbol{R}})^{-1}\boldsymbol{r}$,且

$$(\overline{R})^{-1} = \frac{\overline{R}^*}{|R|} = \frac{1}{1-\rho_1^2-\rho_2^2+\rho_1^2\rho_2^2}\begin{pmatrix} 1-\rho_2^2 & 0 & \rho_1\rho_2^2-\rho_1 \\ 0 & 1-\rho_1^2 & \rho_1^2\rho_2-\rho_2 \\ \rho_1\rho_2^2-\rho_1 & \rho_1^2\rho_2-\rho_2 & 1-\rho_1^2\rho_2^2 \end{pmatrix}$$

其中 $\overline{R}^*$ 为 $\overline{R}$ 的伴随矩阵,所以

$$\boldsymbol{a} = \begin{bmatrix} a_1 \\ a_2 \\ a_3 \end{bmatrix} = (\overline{R})^{-1}\boldsymbol{r} = \begin{bmatrix} \rho_2 \\ \rho_1 \\ -\rho_1\rho_2 \end{bmatrix}$$

最优线性预测器为

$$\hat{f}_3(m,n) = \rho_2 f(m,n-1) + \rho_1 f(m-1,n) - \rho_1\rho_2 f(m-1,n-1)$$

题 6.9 设一幅图像的自相关函数为 $E\{f(m,n)f(m-i,n-j)\} = \sigma^2\rho_v^i\rho_h^j$,请设计列方向上的二阶预测器。

(1) 组成自相关矩阵 $\boldsymbol{R}$ 和矢量 $\boldsymbol{r}$;

(2) 找出最优的预测系数;

(3) 计算利用上述最优预测系数时的预测误差的方差。

[提示:列方向上的二阶预测器为 $\hat{f}(m,n) = a_1 f(m-1,n) + a_2 f(m-2,n)$]

解答 (1) 对于图像 $f(m,n)$,有

$$E\{f(m,n)f(m-i,n-j)\} = \sigma^2\rho_v^i\rho_h^j$$

因为只在列方向进行预测,设二阶预测器为

$$\hat{f}(m,n) = a_1 f(m-1,n) + a_2 f(m-2,n)$$

则

$$\boldsymbol{R} = \begin{bmatrix} E\{f(m-1,n)f(m-1,n)\} & E\{f(m-1,n)f(m-2,n)\} \\ E\{f(m-2,n)f(m-1,n)\} & E\{f(m-2,n)f(m-2,n)\} \end{bmatrix} = \begin{bmatrix} \sigma^2 & \sigma^2\rho_v \\ \sigma^2\rho_v & \sigma^2 \end{bmatrix}$$

$$\boldsymbol{r} = \begin{bmatrix} E\{f(m,n)f(m-1,n)\} & E\{f(m,n)f(m-2,n)\} \end{bmatrix}^T = \begin{bmatrix} \sigma^2\rho_v & \sigma^2\rho_v^2 \end{bmatrix}^T$$

(2) 最优预测系数为

$$\boldsymbol{a} = \boldsymbol{R}^{-1}\boldsymbol{r} = \begin{bmatrix} \rho_v & 0 \end{bmatrix}^T = \begin{bmatrix} a_1 & a_2 \end{bmatrix}^T$$

(3) 使用上述最优预测系数时的预测误差的方差为

$$E\{e_n^2\} = \sigma^2 - \boldsymbol{a}^T\boldsymbol{r} = \sigma^2 - \begin{bmatrix} a_1 & a_2 \end{bmatrix}^T\begin{bmatrix} \sigma^2\rho_v \\ \sigma^2\rho_v^2 \end{bmatrix} = \sigma^2(1-\rho_v^2)$$

题 6.10 正交变换编码有哪些特点?

解答 (1) 正交变换具有能量保持的特点;

(2) 能量重新分配与能量集中;

(3) 去相关的特点。

正交变换可使图像相关性很强的空间域变为能量保持但集中于少数弱相关或

不相关的变换域。

题 6.11 传统正交变换编码中,为何要对图像分块?

解答 传统正交变换编码中,对图像分块的好处是:一方面可增加子图像块内均匀性的概率,使正交变换后能量更集中;另一方面也能大大减少变换所需运算量。

题 6.12 传统正交变换编码与小波变换编码有何异同?

解答 小波变换编码的基本思想与传统的正交变换编码类同,但与传统正交变换编码相比也有着本质的不同,因而具备如下的特点:

(1) 小波变换能将一信号分解成同时包含时域和频域局部特性的变换系数,但传统变换(如 DFT 和 DCT 等)会失去信号在时域的局部特性。

(2) 小波变换能兼顾不同应用中对时、频不同分辨率的要求,具有"数学显微镜"的美称,但传统变换(DFT 和 DCT 等)虽然在频域具有最高分辨率,但在时域无分辨率而言。

(3) 小波变换和传统正交变换都有能量守恒和能量集中的作用,但小波变换能有效消除传统变换的分块效应的存在以及分块效应对图像编码的影响。

(4) 小波变换能根据图像特点自适应地选择小波基,从而既能保证解压后图像的质量,又能提高压缩比。而 DCT 则不具备自适应性。

(5) 通过小波变换可以充分利用变换系数之间的空间相关性对系数建模,进一步提高压缩比。

题 6.13 说明影响小波变换编码的主要因素。

解答 影响小波变换编码的主要因素包括小波基、边界延拓、小波分解重构的级数、小波系数的量化方式等。

第7章 图像分割

7.1 学习要点

7.1.1 边缘点检测

边缘定义为图像局部特性的不连续性,具体到灰度图像中就是图像差别较大的两个区域的交界线,广泛存在于目标物与背景之间、目标物与目标物之间,这是边缘点检测实现的依据,同时也是图像识别、分类和理解的依据。

边缘点检测就是要确定图像中有无边缘点,若有还要进一步确定其位置。具体实施时,可分成两步:

首先,确定检测算子和判定准则,这取决于实际应用环境及被检测的边缘类型;其次,依据沿着边缘走向的灰度值缓变或不变,而垂直于边缘走向的灰度则突变的特性,通常边缘类型表现为阶跃式(包括灰度突变和渐变式、斜升和斜降式)、脉冲式和屋顶式。边缘与导数的关系如主教材中所述。

边缘点检测有多种方法,主要是由于所取模板的不同而对图像处理的效果不同,正交梯度算子法采用的是水平与垂直两个模板,分别对垂直信息与水平信息比较敏感。还有方向梯度法,采用多个不同方向的模板用于检测不同方向的边缘信息,如果将这些边缘信息加权平均,即可得到图像比较好的边缘信息。线检测模板就是设计检测不同方向的线检测方法。

二阶导数算子法属于对噪声敏感的边缘点检测算法(如 Laplacian 算子法),它可能会把噪声当边缘点检测出来,而真正的边缘点会被噪声淹没而未检测出。为此,Marr 和 Hildreth 提出了高斯-拉普拉斯(Laplacian of Gaussian,LoG)边缘检测算子,简称 LoG 算子。该方法是先采用高斯算子对原图像进行平滑,然后再施以 Laplacian 算子,这样就克服了 Laplacian 算子对噪声敏感的缺点,减少了噪声的影响。

7.1.2 边缘线检测

最直接的边缘线检测方法就是应用边缘线检测模板,但是这种方法容易受噪声影响,并且检测出的边缘线经常不具有连续性。局部边缘连接法基于局部特征对边缘进行连接,容易受噪声或干扰的影响;光栅扫描是一种按照电视光栅行的扫描顺序,对遇到的像素进行阈值判定而实现的边缘跟踪方法,也称作顺序扫描跟踪法。这种方法实现简单,但在扫描时容易漏跟,采用四种不同的扫描方式可以解决这一问题,但同时也会增加计算量。

与线检测模板不同,Hough 变换是考虑像素间的整体关系,在预先知道区域形状的条件下,利用 Hough 变换可以方便地得到边界曲线而将不连续的边缘像素点连接起来。所以 Hough 变换的主要优点就在于受噪声和曲线间断的影响较小,是将边缘点连接成边缘线的全局最优方法。

Hough 变换的基本思想在于不同坐标系下点-线的对偶关系。所以其用于直线检测的基本策略变为:由图像空间的边缘点去计算参数空间中共线点的可能轨迹,并在一个累加器中对计算出的共线点计数。图像空间中的直线可用参数表示为 $\lambda = x\cos\theta + y\sin\theta$。这样图像空间 XY 中共线点的个数就对应于参数空间 $\lambda\theta$ 中交于一点的曲线条数。Hough 变换不仅可以检测直线,还可以检测圆、椭圆、抛物线等形状的曲线。

广义 Hough 变换也是建立在类似的思想上的,只是此时的 Hough 变换可以用来检测任意形状的曲线,但是会具有更为复杂的求解过程和很大的运算量。

7.1.3 门限化分割法

门限化分割法是基于目标物内图像灰度的相似性,目标物间、目标物与背景间图像灰度的差异性来分割图像的。它是一种基于灰度直方图的图像分割方法,其直方图可能呈单峰或多峰形状。所以其分割方法分为单阈值分割和多阈值分割。期间最为关键的问题就是选取阈值。最为简单的阈值选取方法是利用极值点检测确定直方图中的谷值。在双峰比较接近或者有一些重合的时候,可通过最小化误差概率来选取最优阈值。此外,最优阈值也可以通过逐步迭代获得。

但门限化分割法(阈值法)也有其缺点,即在图像分割中,一般的阈值法并未利用像素的空间邻接关系,而只是利用了像素的灰度值。

例如,考虑习题 4.18 的题图所示的两幅图像,左侧图像包含了两个完全不同的区域,而右侧图像却具有一致的区域。尽管这样,二者却有完全相同的直方图,它们的直方图有两个峰,我们很容易选择阈值。但是,如果我们用这个阈值来分割右侧图像,则毫无意义。

7.1.4 区域生长法

区域生长法考虑了像素的空间邻接关系,其基本思想是将具有相似性质的像素结合起来构成区域。相邻与相似性准则是区域生长的条件,具体步骤如下:

(1) 选择或确定一组能正确代表所需区域的种子像素为起点。

(2) 按照生长过程中能将相邻像素包括进来的准则进行生长。

(3) 根据生长过程停止的条件或规则判断生长的结束。

其中生长准则的选择对算法的性能具有很大影响,根据相似性准则的不同可以分为简单生长、质心生长和混合生长方法等。

7.1.5 分裂合并法

当事先完全不了解区域形状和区域数目时,采用该种方法。首先将图像分解成互不重叠的区域,再按相似准则进行合并,主教材中介绍了一种利用图像四叉树表达方法的迭代分裂合并法。其步骤总结如下:

(1) 对任一区域 R_i,如果 $P(R_i)$ = FALSE,就将该区域分裂为不重叠的 4 等份。

(2) 将 $P(R_i \bigcup R_j)$ = TRUE 的任意 2 个相邻区域进行合并。

(3) 当无法再继续合并或者分裂时,停止操作。

其中最小分块大小以及判定区域为同一性质的准则的选择,对算法的最终性能都有很大的影响。

7.2 难点和重点

7.2.1 Hough 变换

深入理解 Hough 变换的基本思想:不同坐标系下的点-线对偶性。正是根据点-线的对偶性,Hough 变换把在图像空间中的检测问题转化为参数空间的简单累加统计问题。

7.2.2 最优阈值法

当目标区域与背景区域的平均灰度值差别不大,或者由于噪声干扰,图像灰度直方图没有明显的双峰一谷特征时,需要使用这样一个寻找最优阈值的方法。所谓最优,是要求错分率达到最小。

对于对比较剧烈的图像,最优阈值法可以对其进行很好的分割。然而对于部分目标与背景较接近的图像,最优阈值法分割时往往产生较大误差。

7.2.3 区域生长法

在区域生长的过程中我们需要特别关注以下 4 个问题:

(1) 如何选择或确定一组能够正确代表所需区域的种子像素。

(2) 如何选取相似性准则。

(3) 像素间的连通性问题。

(4) 如何制定让生长停止的条件或规则。

7.2.4　分裂合并法

在四叉树分割算法中影响分割效果的一个重要的因素就是最小分割块的大小。为了能够更为准确地获得目标,最小分割块越小,分割后的效果越好。

在分裂合并法中另一个重要的问题就是在合并时如何判断区域内是否为同一性质,对此可以选择以下准则:

(1) 区域灰度最大值与最小值之差或方差小于某选定值。

(2) 两区域平均灰度之差及方差之差小于某选定值。

(3) 两区域的纹理特征相同。

(4) 两区域参数统计检验结果相同。

(5) 两区域的灰度分布函数之差小于某选定值。

当图像中目标和背景边缘处的灰度渐变时,分裂合并法与之前所介绍的分割算法相比能够得到较好的分割效果。

7.3　典型例题

例 7.1　噪声对利用直方图取阈值进行图像分割的算法会有哪些影响?

解答　由于噪声会使图像中某些像素的灰度值增大或减小,此时的直方图会变得不平滑;同时,噪声会填满直方图中的谷,甚至产生新的峰;或者,噪声会使直方图的峰值变低,甚至被淹没。此时的直方图就不能够真实反映给出图像的分布情况,对于那些利用直方图来取阈值的图像分割算法来说,所取的阈值也就必然会存在偏差,造成分割的不准确。

例 7.2　一幅图像的背景均值为 25,方差为 625,在背景上分布有互不重叠的均值为 150,方差为 400 的小目标。试提出一种基于区域生长的方法,将目标分割出来。

解答　根据题意,可采取的方法步骤如下:

(1) 从左至右,从上到下扫描图像。

(2) 将发现的灰度值大于 150 的像素作为种子进行区域生长,生长准则为将相邻的灰度值与已有区域的平均灰度值的差小于 60 的像素扩展进来(由于目标区的方差 σ^2 为 400,取其置信区间为 3σ ,即为 60)。

(3) 如果不能再生长,则标记已生长的区域。

(4) 如果扫描到图像的右下角,则结束过程;否则返回(1),继续进行。

例 7.3　用分裂合并法分割如图 7.1 所示图像。

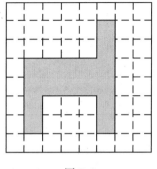

图 7.1

解答 经过三级分解,分解图依次如图 7.2 所示。

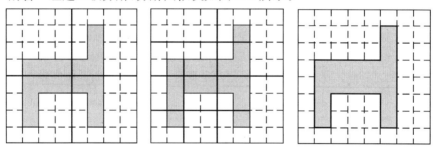

图 7.2

7.4 示 例 程 序

例 7.4 编写利用 Hough 变换进行边缘线检测的程序,给出示例结果。

解答 Hough 变换的实质就是利用坐标变换使图像变换到另一坐标系后在其特定位置上出现峰值,则检出曲线(包括直线)就变成找峰值位置的问题。利用直角坐标系和参数坐标系之间的关系,我们可以得到:

(1)图像空间的一条直线在参数空间映射为一个点。

(2)图像空间的一个点在参数空间映射为一条正弦曲线。

(3)图像空间的一条直线的多个共线点映射为参数空间相交于一点的多条正弦曲线。

利用 Hough 变换进行边缘线检测的源程序如下:

```
clc;
clear all;
close all;
f1 = imread('circuit.tif');   %    利用 Matlab 自带图像
figure,imshow(f1);
xlabel('(a) 输入图像');
BW = edge(f1,'canny');
[H,T,R] = hough(BW,'ThetaResolution',0.5);   %    Hough transform
figure,imshow(H,[],'XData',T,'YData',R,'InitialMagnification','fit');
xlabel('\theta'), ylabel('\rho');
axis on, axis normal, hold on;
xlabel('(b) Hough 变换检测边缘线的参数空间曲线');
%    Hough 变换找峰值
P = houghpeaks(H,5,'threshold',ceil(0.3 * max(H(:))));
x = T(P(:,2)); y = R(P(:,1));
plot(x,y,'s','color','white');
```

```
lines = houghlines(BW,T,R,P,´FillGap´,5,´MinLength´,7);
%      找出边缘线并显示
figure, imshow(BW),hold on
xlabel(´(c) 检测结果´);
max_len = 0;
for k = 1:length(lines)    %      Use special kind of line to plot them
    xy = [lines(k).point1; lines(k).point2];
    plot(xy(:,1),xy(:,2),´LineWidth´,4,´Color´,[.6 .6 .6]);
end
```

程序运行结果如图 7.3 所示。

(a) 输入图像

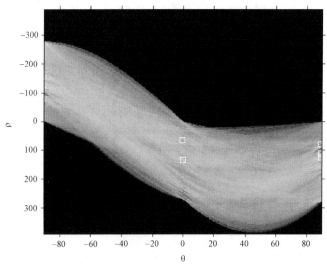

(b) Hough变换检测边缘线的参数空间曲线

(c) 检测结果

图 7.3

例 7.5 编写最优阈值选择法的程序,实现给定图像的最优阈值法分割。

解答 采用最优阈值选择法来确定阈值,这里的最优是要求错分概率达到最小。

若已知背景和目标物像素出现的先验概率分别为 P_1 和 P_2 ,且有 $P_1 + P_2 = 1$,目标物和背景的灰度分布概率密度函数分别为 $p_1(t)$ 和 $p_2(t)$,则选取的门限 T 只要满足

$$P_1 p_1(T) = P_2 p_2(T)$$

即满足错分概率最小,在理论上就可以求得最佳门限 T ,进而完成图像的分割。

图像的最优阈值法分割程序如下:

```
clc;
clear all;
close all;
f1 = imread('saturn.png');      %    利用 Matlab 自带图像
f1 = rgb2gray(f1);      %    将 RGB 图像转换为灰度图像
[M N] = size(f1);
figure(1);
subplot(1,2,1);
imshow(f1);
title('original image');
xlabel('(a) 输入图像');
```

```matlab
T1 = 255 * graythresh(f1);      %      决定阈值
f1new = zeros([M N]);
for i = 1:M
%      使用二值图像显示分割结果
    for j = 1:N
        if f1(i,j) > T1
            f1new(i,j) = 255;
        else
            f1new(i,j) = 0;
        end
    end
end
subplot(1,2,2);
imshow(f1new);
title('segmented image');
xlabel('(b) 分割结果');

f1 = imread('vrspanner.png');      %      利用 Matlab 自带图像
f1 = rgb2gray(f1);      %      将 RGB 图像转换为灰度图像
[M N] = size(f1);
figure(2);
subplot(1,2,1);
imshow(f1);
title('original image');
xlabel('(a) 输入图像');

T1 = 255 * graythresh(f1);      %      决定阈值
f1new = zeros([M N]);
for i = 1:M
%      使用二值图像显示分割结果
    for j = 1:N
        if f1(i,j) > T1
            f1new(i,j) = 255;
        else
            f1new(i,j) = 0;
        end
    end
end
```

```
end
subplot(1,2,2);
imshow(f1new);
title('segmented image');
xlabel('(b) 分割结果');
```
程序运行结果如图 7.4 所示。

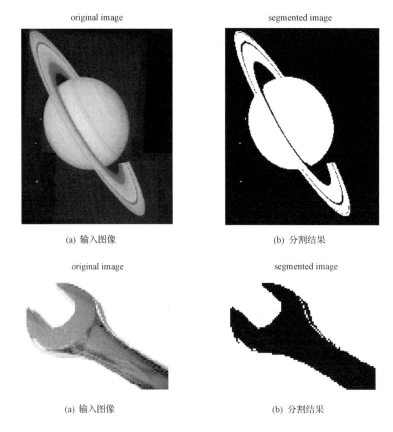

original image   segmented image

   (a) 输入图像   (b) 分割结果

original image   segmented image

   (a) 输入图像   (b) 分割结果

图 7.4

例 7.6 使用四叉树进行图像分割并显示其分块图像。

解答 使用四叉树进行图像分割的步骤是：

（1）先给定一相似准则 P ，如果对图像中的任一区域 R_i ，不满足相似性准则，则把 R_i 区域等分成四个子区 R_{i1}、R_{i2}、R_{i3}、R_{i4}。

（2）对相邻的区域 R_i 、R_j ，若 $P(R_i \bigcup R_j) = \text{true}$ ，则合并这两个区域。

（3）当进一步分裂和合并都不能进行时，则分割结束。

（4）最后显示其分块图像。

Matlab 源程序如下：
```
clc;
```

```
clear all;
close all;
I = imread('rice.png');        %      利用 Matlab 自带图像
S = qtdecomp(I,.27);           %      四叉树分解
blocks = repmat(uint8(0),size(S));
%      定义新区域来显示分块
for dim = [512 256 128 64 32 16 8 4 2 1];
%      各分块的可能维数
  numblocks = length(find(S = = dim));
%      找出分块的现有维数值
  if (numblocks > 0)
    values = repmat(uint8(1),[dim dim numblocks]);
    values(2:dim,2:dim,:) = 0;
blocks = qtsetblk(blocks,S,dim,values);
%      设置分块值
  end
end
blocks(end,1:end) = 1;
blocks(1:end,end) = 1;
subplot(1,2,1);
imshow(I);
xlabel ('(a) 输入图像');
subplot(1,2,2);
imshow(blocks,[]);
xlabel ('(b) 分割结果');
```
程序运行结果如图 7.5 所示。

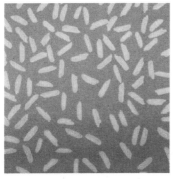

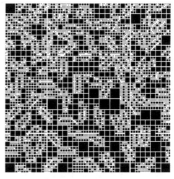

(a) 输入图像   (b) 分割结果

图 7.5

7.5 习题及解答

题 7.1 设一幅 7×7 大小的二值图像中心处有一个值为 0 的 3×3 大小的正方形区域,其余区域的值为 1,如题 7.1 图所示。

1	1	1	1	1	1	1
1	1	1	1	1	1	1
1	1	0	0	0	1	1
1	1	0	0	0	1	1
1	1	0	0	0	1	1
1	1	1	1	1	1	1
1	1	1	1	1	1	1

题 7.1 图

（1）使用 Sobel 算子来计算这幅图的梯度,并画出梯度幅度图(需给出梯度幅度图中所有像素的值)；

（2）使用 Laplacian 算子计算 Laplacian(拉普拉斯)图,并给出图中所有像素的值。

解答 （1）由水平模板,为

$$\boldsymbol{W}_x = \frac{1}{4}\begin{bmatrix} -1 & 0 & 1 \\ -2 & 0 & 2 \\ -1 & 0 & 1 \end{bmatrix}$$

可得水平梯度为

$$\boldsymbol{G}_x = \begin{bmatrix} 1 & 1 & 1 & 1 & 1 & 1 & 1 \\ 1 & -\dfrac{1}{4} & -\dfrac{1}{4} & 0 & \dfrac{1}{4} & \dfrac{1}{4} & 1 \\ 1 & -\dfrac{3}{4} & -\dfrac{3}{4} & 0 & \dfrac{3}{4} & \dfrac{3}{4} & 1 \\ 1 & -1 & -1 & 0 & 1 & 1 & 1 \\ 1 & -\dfrac{3}{4} & -\dfrac{3}{4} & 0 & \dfrac{3}{4} & \dfrac{3}{4} & 1 \\ 1 & -\dfrac{1}{4} & -\dfrac{1}{4} & 0 & \dfrac{1}{4} & \dfrac{1}{4} & 1 \\ 1 & 1 & 1 & 1 & 1 & 1 & 1 \end{bmatrix}$$

由垂直模板

$$\boldsymbol{W}_y = \frac{1}{4}\begin{bmatrix} -1 & -2 & -1 \\ 0 & 0 & 0 \\ 1 & 2 & 1 \end{bmatrix}$$

可得垂直梯度为

$$G_y = \begin{bmatrix} 1 & 1 & 1 & 1 & 1 & 1 & 1 \\ 1 & -\dfrac{1}{4} & -\dfrac{3}{4} & -1 & -\dfrac{3}{4} & -\dfrac{1}{4} & 1 \\ 1 & -\dfrac{1}{4} & -\dfrac{3}{4} & -1 & -\dfrac{3}{4} & -\dfrac{1}{4} & 1 \\ 1 & 0 & 0 & 0 & 0 & 0 & 1 \\ 1 & \dfrac{1}{4} & \dfrac{3}{4} & 1 & \dfrac{3}{4} & \dfrac{1}{4} & 1 \\ 1 & \dfrac{1}{4} & \dfrac{3}{4} & 1 & \dfrac{3}{4} & \dfrac{1}{4} & 1 \\ 1 & 1 & 1 & 1 & 1 & 1 & 1 \end{bmatrix}$$

当用梯度计算公式 $G(x,y) = (G_x^2 + G_y^2)^{\frac{1}{2}}$ 时,计算得到的梯度为

$$G(x,y) = \begin{bmatrix} \sqrt{2} & \sqrt{2} & \sqrt{2} & \sqrt{2} & \sqrt{2} & \sqrt{2} & \sqrt{2} \\ \sqrt{2} & \dfrac{\sqrt{2}}{4} & \dfrac{\sqrt{10}}{4} & 1 & \dfrac{\sqrt{10}}{4} & \dfrac{\sqrt{2}}{4} & \sqrt{2} \\ \sqrt{2} & \dfrac{\sqrt{10}}{4} & \dfrac{3\sqrt{2}}{4} & 1 & \dfrac{3\sqrt{2}}{4} & \dfrac{\sqrt{10}}{4} & \sqrt{2} \\ \sqrt{2} & 1 & 1 & 0 & 1 & 1 & \sqrt{2} \\ \sqrt{2} & \dfrac{\sqrt{10}}{4} & \dfrac{3\sqrt{2}}{4} & 1 & \dfrac{3\sqrt{2}}{4} & \dfrac{\sqrt{10}}{4} & \sqrt{2} \\ \sqrt{2} & \dfrac{\sqrt{2}}{4} & \dfrac{\sqrt{10}}{4} & 1 & \dfrac{\sqrt{10}}{4} & \dfrac{\sqrt{2}}{4} & \sqrt{2} \\ \sqrt{2} & \sqrt{2} & \sqrt{2} & \sqrt{2} & \sqrt{2} & \sqrt{2} & \sqrt{2} \end{bmatrix}$$

当用梯度计算公式 $G(x,y) \approx |G_x| + |G_y|$ 时,计算得到的梯度为

$$G(x,y) = \begin{bmatrix} 2 & 2 & 2 & 2 & 2 & 2 & 2 \\ 2 & \dfrac{1}{2} & 1 & 1 & 1 & \dfrac{1}{2} & 2 \\ 2 & 1 & \dfrac{3}{2} & 1 & \dfrac{3}{2} & 1 & 2 \\ 2 & 1 & 1 & 0 & 1 & 1 & 2 \\ 2 & 1 & \dfrac{3}{2} & 1 & \dfrac{3}{2} & 1 & 2 \\ 2 & \dfrac{1}{2} & 1 & 1 & 1 & \dfrac{1}{2} & 2 \\ 2 & 2 & 2 & 2 & 2 & 2 & 2 \end{bmatrix}$$

当用梯度计算公式 $G(x,y) \approx \max\{|G_x|, |G_y|\}$ 时,计算得到的梯度为

$$\boldsymbol{G}(x,y)=\begin{bmatrix} 1 & 1 & 1 & 1 & 1 & 1 & 1 \\ 1 & \dfrac{1}{4} & \dfrac{3}{4} & 1 & \dfrac{3}{4} & \dfrac{1}{4} & 1 \\ 1 & \dfrac{3}{4} & \dfrac{3}{4} & 1 & \dfrac{3}{4} & \dfrac{3}{4} & 1 \\ 1 & 1 & 1 & 0 & 1 & 1 & 1 \\ 1 & \dfrac{3}{4} & \dfrac{3}{4} & 1 & \dfrac{3}{4} & \dfrac{3}{4} & 1 \\ 1 & \dfrac{1}{4} & \dfrac{3}{4} & 1 & \dfrac{3}{4} & \dfrac{1}{4} & 1 \\ 1 & 1 & 1 & 1 & 1 & 1 & 1 \end{bmatrix}$$

（2）用 Laplacian 算子的四邻域模板计算时，得到的梯度如下：

$$\boldsymbol{W}=\begin{bmatrix} 0 & -1 & 0 \\ -1 & 4 & -1 \\ 0 & -1 & 0 \end{bmatrix}, \quad \boldsymbol{G}=\begin{bmatrix} 1 & 1 & 1 & 1 & 1 & 1 & 1 \\ 1 & 0 & 1 & 1 & 1 & 0 & 1 \\ 1 & 1 & -2 & -1 & -2 & 1 & 1 \\ 1 & 1 & -1 & 0 & -1 & 1 & 1 \\ 1 & 1 & -2 & -1 & -2 & 1 & 1 \\ 1 & 0 & 1 & 1 & 1 & 0 & 1 \\ 1 & 1 & 1 & 1 & 1 & 1 & 1 \end{bmatrix}$$

用 Laplacian 算子的八邻域模板计算时，得到的梯度如下：

$$\boldsymbol{W}=\begin{bmatrix} -1 & -1 & -1 \\ -1 & 8 & -1 \\ -1 & -1 & -1 \end{bmatrix}, \quad \boldsymbol{G}=\begin{bmatrix} 1 & 1 & 1 & 1 & 1 & 1 & 1 \\ 1 & 1 & 2 & 3 & 2 & 1 & 1 \\ 1 & 2 & -5 & -3 & -5 & 2 & 1 \\ 1 & 3 & -3 & 0 & -3 & 3 & 1 \\ 1 & 2 & -5 & -3 & -5 & 2 & 1 \\ 1 & 1 & 2 & 3 & 2 & 1 & 1 \\ 1 & 1 & 1 & 1 & 1 & 1 & 1 \end{bmatrix}$$

题 7.2 设有一幅二值图像，其中包含了水平的、垂直的、45°和 −45°的直线。请设计一组模板，用于检测这些直线中一个像素长度的间断。假设直线的灰度级是 1 并且背景的灰度级为 0。

解答 模板系数如题 7.2 图所示。

	水平			垂直			45°			−45°	
0	0	0	0	1	0	0	0	1	1	0	0
1	−2	1	0	−2	0	0	−2	0	0	−2	0
0	0	0	0	1	0	1	0	0	0	0	1

题 7.2 图

将这些模板在图像中移动,对于对应方向上中间没有间断的像素其模板计算值为 0,在间断位置的值为 2,由此即可判断直线上的 1 像素间断。

题 7.3　有一种梯度算子可以用来检测 8 个方向上的梯度 E,NE,N,NW,W,SW,S 和 SE。该算子被称为罗盘梯度算子,其大小为 3×3。写出系数值为 0,1 或 -1 时这 8 个算子的形式。

解答　见下表:

梯度方向	E-东	NE-东北	N-北	NW-西北	W-西	SW-西南	S-南	SE-东南
罗盘梯度算子	$\frac{1}{3}\begin{bmatrix}-1&0&1\\-1&0&1\\-1&0&1\end{bmatrix}$	$\frac{1}{3}\begin{bmatrix}0&1&1\\-1&0&1\\-1&-1&0\end{bmatrix}$	$\frac{1}{3}\begin{bmatrix}1&1&1\\0&0&0\\-1&-1&-1\end{bmatrix}$	$\frac{1}{3}\begin{bmatrix}1&1&0\\1&0&-1\\0&-1&-1\end{bmatrix}$	$\frac{1}{3}\begin{bmatrix}1&0&-1\\1&0&-1\\1&0&-1\end{bmatrix}$	$\frac{1}{3}\begin{bmatrix}0&-1&-1\\1&0&-1\\1&1&0\end{bmatrix}$	$\frac{1}{3}\begin{bmatrix}-1&-1&-1\\0&0&0\\1&1&1\end{bmatrix}$	$\frac{1}{3}\begin{bmatrix}-1&-1&0\\-1&0&1\\0&1&1\end{bmatrix}$

题 7.4　假设图像的灰度级概率密度如题 7.4 图所示。其中 $p_1(z)$ 对应于目标,$p_2(z)$ 对应于背景。如果 $P_1 = P_2$,试求分割目标与背景的最佳门限。

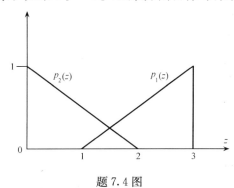

题 7.4 图

解答　由题 7.4 图可以看出
$$p_1(z) = (z-1)/2, \quad p_2(z) = 1 - z/2$$
将其代入主教材中式(7.4.8)有
$$P_1 p_1(z) = P_2 p_2(z)$$
所以
$$\frac{z-1}{2} = 1 - \frac{z}{2} \Rightarrow z = \frac{3}{2}$$
解得最优阈值为 $T = 3/2$。

题 7.5　图像中背景像素的均值与标准差分别为 110 和 20,目标像素的均值和标准差分别为 200 和 45。试提出一种基于区域生长的方法将目标分割出来。

解答　可采用区域生长方法,其步骤如下:
(1) 从左至右,从上到下扫描图像;
(2) 将发现的灰度值大于 200 的像素作为种子点进行区域生长,生长准则为将相邻的灰度值与已有区域的平均灰度值的差小于 $45 \times 3 = 135$ 的像素扩展进来（由于目标区的标准差 σ 为 45，取其置信区间为 3σ，即为 135）；

（3）如果不能再生长，则标记已生长的区域；

（4）如果扫描到图像的右下角，则结束过程；否则返回(1)，继续进行。

题 7.6　试用 Sobel 算子检测题 7.6 图所示图像的边缘点（图像的第一行、最后一行、第一列和最后一列不处理，结果四舍五入取整）。

$$
\begin{array}{cccccccccc}
4 & 4 & 4 & 4 & 4 & 4 & 4 & 4 & 0 & 0 \\
4 & 4 & 4 & 4 & 4 & 4 & 4 & 4 & 0 & 0 \\
4 & 4 & 5 & 5 & 5 & 5 & 5 & 4 & 0 & 0 \\
4 & 4 & 5 & 5 & 6 & 6 & 5 & 4 & 0 & 0 \\
4 & 4 & 5 & 6 & 7 & 6 & 5 & 4 & 0 & 0 \\
4 & 4 & 5 & 6 & 6 & 6 & 5 & 4 & 0 & 0 \\
4 & 4 & 5 & 5 & 5 & 5 & 5 & 4 & 0 & 0 \\
4 & 4 & 4 & 4 & 4 & 4 & 4 & 4 & 0 & 0 \\
4 & 4 & 4 & 4 & 4 & 4 & 4 & 4 & 0 & 0 \\
4 & 4 & 4 & 4 & 4 & 4 & 4 & 4 & 0 & 0
\end{array}
$$

题 7.6 图

解答　由水平模板 $W_x = \dfrac{1}{4}\begin{bmatrix} -1 & 0 & 1 \\ -2 & 0 & 2 \\ -1 & 0 & 1 \end{bmatrix}$ 计算水平梯度（结果四舍五入）为

$$
G_x =
\begin{bmatrix}
0 & 0 & 0 & 0 & 0 & 0 & 0 & 0 & 0 & 0 \\
0 & 0 & 0 & 0 & 0 & 0 & 0 & -4 & -4 & 0 \\
0 & 1 & 1 & 0 & 0 & 0 & -1 & -5 & -4 & 0 \\
0 & 1 & 1 & 1 & 1 & -1 & -2 & -5 & -4 & 0 \\
0 & 1 & 2 & 2 & 0 & -2 & -2 & -5 & -4 & 0 \\
0 & 1 & 2 & 1 & 0 & -1 & -2 & -5 & -4 & 0 \\
0 & 1 & 1 & 0 & 0 & 0 & -1 & -5 & -4 & 0 \\
0 & 0 & 0 & 0 & 0 & 0 & 0 & -4 & -4 & 0 \\
0 & 0 & 0 & 0 & 0 & 0 & 0 & -4 & -4 & 0 \\
0 & 0 & 0 & 0 & 0 & 0 & 0 & 0 & 0 & 0
\end{bmatrix}
$$

由垂直模板 $W_y = \dfrac{1}{4}\begin{bmatrix} -1 & -2 & -1 \\ 0 & 0 & 0 \\ 1 & 2 & 1 \end{bmatrix}$ 计算垂直梯度（结果四舍五入）为

$$\boldsymbol{G_y} = \begin{bmatrix} 0 & 0 & 0 & 0 & 0 & 0 & 0 & 0 & 0 & 0 \\ 0 & 0 & 1 & 1 & 1 & 1 & 1 & 0 & 0 & 0 \\ 0 & 0 & 1 & 1 & 2 & 2 & 1 & 0 & 0 & 0 \\ 0 & 0 & 0 & 1 & 2 & 1 & 0 & 0 & 0 & 0 \\ 0 & 0 & 0 & 1 & 0 & 0 & 0 & 0 & 0 & 0 \\ 0 & 0 & 0 & -1 & -2 & -1 & 0 & 0 & 0 & 0 \\ 0 & 0 & -1 & -2 & -2 & -2 & -1 & 0 & 0 & 0 \\ 0 & 0 & -1 & -1 & -1 & -1 & -1 & 0 & 0 & 0 \\ 0 & 0 & 0 & 0 & 0 & 0 & 0 & 0 & 0 & 0 \\ 0 & 0 & 0 & 0 & 0 & 0 & 0 & 0 & 0 & 0 \end{bmatrix}$$

若采用梯度计算公式 $\boldsymbol{G}(x,y) \approx \max\{|\boldsymbol{G_x}|, |\boldsymbol{G_y}|\}$，则合成梯度为

$$\boldsymbol{G}(x,y) = \begin{bmatrix} 0 & 0 & 0 & 0 & 0 & 0 & 0 & 0 & 0 & 0 \\ 0 & 0 & 1 & 1 & 1 & 1 & 1 & 4 & 4 & 0 \\ 0 & 1 & 1 & 1 & 2 & 2 & 1 & 5 & 4 & 0 \\ 0 & 1 & 1 & 1 & 2 & 1 & 2 & 5 & 4 & 0 \\ 0 & 1 & 2 & 2 & 0 & 2 & 2 & 5 & 4 & 0 \\ 0 & 1 & 2 & 1 & 2 & 1 & 2 & 5 & 4 & 0 \\ 0 & 1 & 1 & 2 & 2 & 1 & 5 & 4 & 0 & 0 \\ 0 & 0 & 1 & 1 & 1 & 1 & 1 & 4 & 4 & 0 \\ 0 & 0 & 0 & 0 & 0 & 0 & 0 & 4 & 4 & 0 \\ 0 & 0 & 0 & 0 & 0 & 0 & 0 & 0 & 0 & 0 \end{bmatrix}$$

第8章 图像描述

8.1 学习要点

8.1.1 像素间的连通性

图像描述就是对图像中目标物特征的表示,而目标物由一些位置和灰度值具有一定关系的像素点构成。因此,像素点的关系是图像描述的基础,通过研究目标物像素点的基本关系,进而定义图像中的距离测度,这些都将是图像特征表示的基础。像素间的最基本关系就是连通性。

若两像素在位置上相邻(四邻或八邻),再加上取值相同或相近,则称这两个像素邻接。若两像素间存在一个由邻接点组成的通路,则该两像素点连通。连通也分为四连通或八连通。

连通性作为区域和边界的最基本组成,也可推广到几个图像子集。设 S 和 T 为图像子集,若 S 中的某些像素点和 T 中的某些像素点是四连通(或八连通),则 S 和 T 彼此四连通(或八连通)。

8.1.2 链码及形状数

按照水平、垂直和两条对角线方向,可以为相邻的两个像素点定义四个方向符:0、1、2、3,分别表示 0°、90°、180°和 270°四个方向,组成的链码称为四链码。同样,也可以定义八个方向符:0、1、2、3、4、5、6、7,它们分别表示 0°、45°、90°、135°、180°、225°、270°和 315°八个方向,组成的链码称为八链码。链码就是用线段的起点加上由这几个方向符所构成的一个数列,通常称之为 Freeman 链码。

在使用链码时,由于起点不同会造成同一曲线链码的多样性。为此将每个链码看作一个多位数字构成的自然数,然后将值最小的链码定义为该曲线的归一化链码。闭合边界(曲线)的归一化链码满足平移不变性和唯一性。

然后再利用链码的一阶差分,将链码进行旋转归一化处理,并且将值最小的差分码定义为曲线的形状数。每个形状数序列的长度定义为该形状数的阶。闭合边界(曲线)的形状数满足平移、旋转不变性和唯一性,可用来描述目标物的边界。

8.1.3 曲线拟合

曲线拟合以某种误差为标准,是一种对曲线的近似表达形式,最后用拟合曲线的参数来简洁地描述原始曲线。本节介绍两种常用的拟合方法,即迭代拟合和最小均方误差拟合。迭代拟合是利用迭代的方法把曲线用分段线段近似表示出来。最小均方误差拟合是用一条曲线近似拟合点集，根据最小均方误差的原则，要求该曲线 $y = f(x)$ 上各点和边界点集的"距离"最小，即使拟合的均方误差

$$\varepsilon = \frac{1}{N}\sum_{i=1}^{N}\left[y_i - f(x_i)\right]^2 \tag{8-1}$$

取最小值。

8.1.4 傅里叶边界描述

设边界点集为 $\{(x_i, y_i), i = 0, 1, \cdots, N-1\}$，把每对坐标看作一个复数，即

$$s(n) = x(n) + \mathrm{j}y(n), \quad n = 0, 1, 2, \cdots, N-1 \tag{8-2}$$

从而将关于点集边界描述的二维问题化简为一维问题。

对于闭合曲线，函数 $s(n)$ 是周期为 N 的周期函数的采样，其傅里叶级数为

$$s(n) = \frac{1}{N}\sum_{k=0}^{N-1} a(k)\exp\left(\frac{\mathrm{j}2\pi kn}{N}\right), \quad 0 \leqslant n \leqslant N-1 \tag{8-3}$$

而傅里叶级数的系数为

$$a(k) = \sum_{k=0}^{N-1} s(n)\exp\left(\frac{-\mathrm{j}2\pi kn}{N}\right), \quad 0 \leqslant k \leqslant N-1 \tag{8-4}$$

式中 $a(k)$ 为复系数，称之为该边界曲线的傅里叶描述子。

在描绘边界曲线时如果只选择其中的前 M 个点，那么在重建原曲线时也只能根据这 M 个点，而将后面的 $N-M$ 个系数全置为零，重建公式为

$$\hat{a}(k) = \sum_{n=0}^{M-1} s(n)\mathrm{e}^{\mathrm{j}2\pi kn/N}, \quad k = 0, 1, 2, \cdots, N-1 \tag{8-5}$$

8.1.5 四叉树介绍

四叉树首先将给定区域包含在一个矩形的范围内，并将该矩形等分为四份，然后检查每个四分之一的子区域是否为全黑（置"1"）或全白（置"0"）。如果某个子区域同时包含了黑色和白色部分，则称为灰区，再将其四等分，同样进行判断，这样进行下去，最终就形成一个树形结构，其各个叶子结点就是全黑和全白的块。

8.1.6 骨架描述

骨架是一种重要的结构表示方法，每个骨架点都与边界点的距离最小，它把一个简单的平面区域简化成具有某种性质的线。可以看到，骨架能够提供的信息和目标物的形状有很大关系。通常确定骨架的方法有中轴变换、细化、扩展与收缩等。

8.1.7 图像几何特征

几种常用的图像的几何特征包括：
（1）区域面积。
（2）曲线长度和区域周长。

（3）区域圆形度。

（4）区域外接矩形。

（5）区域偏心率。

（6）区域的紧凑性。

8.1.8　矩描述

矩描述是根据图像中以灰度分布的各阶矩参量来描述灰度分布的特性。如果目标区域中的灰度分布是已知的,在用矩描述来表示目标特征时,它同样也具有平移、旋转和缩放不变性。

8.1.9　等灰度游程长度的纹理描述

灰度游程长度是指在某方向 θ 上成一条直线的连续的像素点的个数,其中这些像素点具有相同的灰度级。在粗纹理区域的灰度游程长度较长,而在细纹理区域,短游程长度的情况比较多。一般常用的有关灰度游程矩阵的统计量有:

（1）短游程因子。

（2）长游程因子。

（3）灰度的不均匀因子。

（4）游程长度的不均匀因子。

（5）游程总数的百分比。

8.1.10　灰度共生矩阵

灰度共生矩阵是对联合灰度统计量进行分析的基础上提出的,它反映的是灰度图像中关于方向、间隔和变化幅度等方面的灰度信息,可用于分析图像的局部特征以及纹理的分布规律,可以进一步提取出描述纹理特征的一系列特征值如下。

（1）角二阶矩或能量:描述图像灰度均匀分布的特性。

（2）惯性矩:反映矩阵中取值较大的元素远离主对角线的程度。

（3）熵:表示图像中纹理的非均匀性或复杂程度。

（4）相关:度量灰度共生矩阵元素在行或列方向上的相似程度。

（5）逆差矩:反映矩阵中大值元素到主对角线的集中程度。

8.1.11　Fourier 功率谱分析

功率谱反映整幅图像的性质,它的分布规律与 $f(x,y)$ 的纹理特征有密切关系,这种关系主要反映在两个方面:① $|F(u,v)|^2$ 的径向分布与空域中 $f(x,y)$ 的纹理粗细有关,纹理越密集,功率谱沿径向分布就越分散,逐渐远离原点;反之,纹理越粗、越稀疏,功率谱越逐渐向原点集中;② $|F(u,v)|^2$ 的分布方向和空域中的纹理方向有关,两者相互垂直,例如,空域中垂直条纹的纹理在功率谱

上是水平的条状分布。

8.1.12 形态学用于图像描述

数学形态学以集合理论为基础,其运算用集合运算来定义,因而所有的图像都必须以合理的方式转化为集合。同时,形态学算子的性能又主要是以几何方式进行刻画,这种几何方式描述更适合于视觉信息的处理和分析。主教材中介绍了骨架化、细化、粗化、修剪以及区域填充的概念,阐述了形态学在二值、灰度图像中的边界提取以及纹理提取中的应用。

8.2   难点和重点

8.2.1   区域和边界

1) 区域

连通性作为像素间关系中一个基本概念,由此可得到区域、边界等许多重要概念。对于 S 中的任一像素点 p,S 中所有的与 p 连通的点的集合称为 S 的连通分量,即一个连通的区域。

2) 边界

设图像中目标点的集合为 S,其余点的集合为 S^c,则 S^c 称为 S 的补集。如果目标 S 中的点 p 有相邻点在 S^c 中,那么 p 就称为 S 的边界点,其集合称为 S 的边界。

8.2.2   距离测量

距离是描述像素间关系的基本参数,也是目标物几何特征和相似性的重要测度。数字图像处理中,常用的距离度量有以下三种:

(1) 欧几里得距离

$$D_{\mathrm{E}}(p,q) = \sqrt{(m_1-m_2)^2 + (n_1-n_2)^2}$$

(2) 街区距离

$$D_4(p,q) = \mid m_1-m_2 \mid + \mid n_1-n_2 \mid$$

(3) 棋盘距离

$$D_8(p,q) = \max\{\mid m_1-m_2 \mid, \mid n_1-n_2 \mid\}$$

三种距离的关系为

$$D_8(p,q) \leqslant D_{\mathrm{E}}(p,q) \leqslant D_4(p,q)$$

其中,街区距离和棋盘距离是欧几里得距离的两种近似。由于图像分析和识别中,距离作为目标物特征的基本参数,一般关心的是其相对值而非绝对值大小,通过 D_4 和 D_8 的计算,可以大大减少运算量,以适应数字图像数据量大的特点。

8.3 典型例题

例 8.1 对于图 8.1 所示的二值图像,若灰度相似准则为 $V = \{1\}$,p 和 q 为图像中的两个像素,且 $p = q = 1$,则求 p 和 q 之间的 D_4 和 D_8 距离。

0	0	0	1	q
0	1	1	1	1
1	1	1	0	0
p	1	0	0	0

图 8.1

解答 p 和 q 之间的 D_4 和 D_8 距离分别是指 p 和 q 之间最短的四连通和八连通的通路长度,即 $D_4 = 7$,$D_8 = 4$。

例 8.2 对于如图 8.2 所示的四连通区域边界:

(1) 计算以 A 为起点的四链码和一阶差分码;

(2) 计算以 B 为起点的四链码和一阶差分码;

(3) 计算其形状数。

解答 (1) 以 A 为起点的情况下,其四链码为

$$M_4 = 003032303222101121$$

由此可得一阶差分码为

$$M_4' = 303133113300331013$$

(2) 以 B 为起点的情况下,其四链码为

$$M_4 = 323032221011210030$$

同理可得一阶差分码为

$$M_4' = 331133003310133031$$

图 8.2

(3) 形状数就是归一化的一阶差分码,由(1)或(2)的一阶差分码就可得到

$$\overline{M}_4' = 003310133031331133$$

例 8.3 试说明哪些类形状边界的傅里叶描述符中只有实数项。

解答 边界的傅里叶描述符为

$$s(n) = \frac{1}{N} \sum_{k=0}^{N-1} s(k) \exp[-\mathrm{j}2\pi nk/N]$$

其中边界序列为

$$s(k) = u(k) + \mathrm{j}v(k), \quad k = 0, 1, \cdots, N-1$$

如果将 $s(n)$ 的表达式展开,则有

$$s(n) = \frac{1}{N} \sum_{k=0}^{N-1} [u(k) + \mathrm{j}v(k)][\cos(2\pi nk/N) - \mathrm{j}\sin(2\pi nk/N)]$$

$$= \frac{1}{N} \sum_{k=0}^{N-1} \{ [u(k)\cos(2\pi nk/N) + v(k)\sin(2\pi nk/N)] $$
$$- \mathrm{j}[u(k)\sin(2\pi nk/N) - v(k)\cos(2\pi nk/N)] \}$$

由此可见,如果下式满足:

$$u(k)\sin(2\pi nk/N) = v(k)\cos(2\pi nk/N)$$
$$n = 0,1,\cdots,N-1; \quad k = 0,1,\cdots,N-1$$

则傅里叶描述符中只有实数项。也就是说,边界应该关于原点对称,或者说圆周共轭对称(实部偶对称,虚部奇对称)。

例 8.4 求下列矩阵的等灰度游程矩阵:

$$\begin{bmatrix} 0 & 0 & 1 & 2 \\ 2 & 3 & 0 & 1 \\ 1 & 3 & 2 & 3 \\ 0 & 1 & 2 & 3 \end{bmatrix}$$

解答 该矩阵的灰度级别为

$$\begin{bmatrix} 1 & 1 & 2 & 3 \\ 3 & 4 & 1 & 2 \\ 2 & 4 & 3 & 4 \\ 1 & 2 & 3 & 4 \end{bmatrix}$$

则该矩阵的等游程矩阵如下:

$$\boldsymbol{M}^{\langle 0° \rangle} = \begin{bmatrix} 2 & 1 & 0 & 0 \\ 4 & 0 & 0 & 0 \\ 4 & 0 & 0 & 0 \\ 4 & 0 & 0 & 0 \end{bmatrix}, \quad \boldsymbol{M}^{\langle 45° \rangle} = \begin{bmatrix} 4 & 0 & 0 & 0 \\ 4 & 0 & 0 & 0 \\ 4 & 0 & 0 & 0 \\ 4 & 0 & 0 & 0 \end{bmatrix}$$

$$\boldsymbol{M}^{\langle 90° \rangle} = \begin{bmatrix} 4 & 0 & 0 & 0 \\ 4 & 0 & 0 & 0 \\ 2 & 1 & 0 & 0 \\ 0 & 2 & 0 & 0 \end{bmatrix}, \quad \boldsymbol{M}^{\langle 135° \rangle} = \begin{bmatrix} 2 & 1 & 0 & 0 \\ 0 & 2 & 0 & 0 \\ 4 & 0 & 0 & 0 \\ 4 & 0 & 0 & 0 \end{bmatrix}$$

例 8.5 画出圆和正方形的骨架。

解答 圆和正方形的骨架分别见图 8.3(a) 和 (b)。

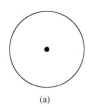

(a) (b)

图 8.3

8.4 习题及解答

题 8.1 题 8.1 图给出了一幅二值图像,用八方向链码对图像中的边界进行链码表述(起点是 S 点),写出它的八链码(沿顺时针),并对该链码进行起点归一化,说明起点归一化链码与起点无关的原因。

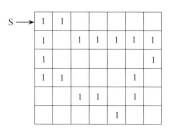

题 8.1 图

解答 (1) 八链码为 07000065653434222。

(2) 归一化八链码为 00006565343422207。

同一个封闭边界的不同起点的各个链码可以看作是由表示该边界的一串数码(链码)循环移位得到的,如果把这一串数看作 N 位自然数,则不同的起点就形成不同大小的 N 位自然数,其中必存在一个最小,若将最小的 N 位自然数串的起点作为归一化链码的起点,则该归一化链码必唯一,也与起点无关。

题 8.2 针对题 8.1 图:

(1) 写出其一阶差分码,并说明其与边界的旋转无关;

(2) 写出其形状数,并说明阶数。

解答 (1) 一阶差分码为 671000671760171600。

当四链码旋转 $90°$(或八链码旋转 $45°$)的整倍数时,同起点的封闭边界旋转前后的原链码不同,但链码的数串中前后数码的变化大小是不变的,而差分码就定义为原链码前后数码的差模值,因此其差分码不变,也就是说,一阶差分码与边界的旋转无关。

(2) 形状数就是归一化的差分码,即为 000671760171600671,形状数的阶数为 17。

题 8.3 试用题 8.3 图给定的以下点,用曲线拟合的方法来描述曲线 AB。

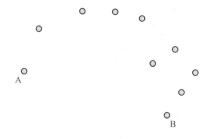

题 8.3 图

解答 解图 1(a) 为曲线拟合的过程,解图 1(b) 是曲线 AB 的描述结果。

题 8.4 已知二值图像,如题 8.4 图所示。

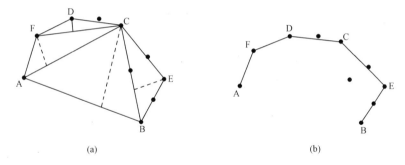

解图 1

(1) 对该图像使用四叉树进行划分;

(2) 用四叉树表达该图像。

解答 (1) 用四叉树划分,如解图 2 所示。

```
0  0  0  0  1  1  1  1
0  0  0  0  1  1  1  1
0  0  1  1  1  1  1  1
0  0  1  1  1  1  1  1
0  1  1  1  1  0  0  0
1  1  1  1  0  0  0  0
0  0  0  0  0  0  0  0
0  0  0  0  0  0  0  0
```

题 8.4 图

0	0	0	0	1	1	1	1
0	0	0	0	1	1	1	1
R1				R2			
0	0	1	1	1	1	1	1
0	0	1	1	1	1	1	1
0	1	1	1	1	0	0	0
1	1	1	1	0	0	0	0
R4				R3			
0	0	0	0	0	0	0	0
0	0	0	0	0	0	0	0

解图 2

(2) 用四叉树表示,如解图 3 所示。

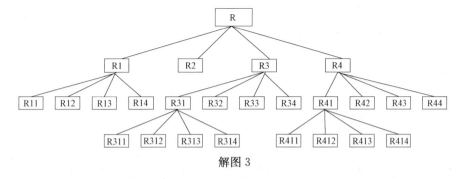

解图 3

题 8.5 求出题 8.5 图中各个字符的欧拉数。

解答 由欧拉数的公式

$$E(\text{欧拉数}) = C(\text{连通分量}) - H(\text{区域内孔的个数})$$

我们可以得到题 8.5 图中各字符的欧拉数：

字符 0 的欧拉数
$$E = C - H = 1 - 1 = 0$$

字符 1 的欧拉数
$$E = C - H = 1 - 0 = 1$$

字符 8 的欧拉数
$$E = C - H = 1 - 2 = -1$$

字符 9 的欧拉数
$$E = C - H = 1 - 1 = 0$$

字符 X 的欧拉数
$$E = C - H = 1 - 0 = 1$$

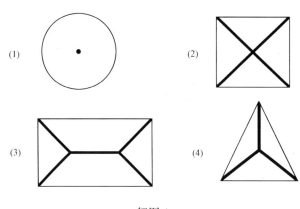

题 8.5 图

题 8.6　画出以下图形的中轴：

(1) 圆形；(2) 正方形；(3) 矩形；(4)等腰三角形。

解答　中轴就是骨架。圆的骨架就是圆心点,而等腰三角形的骨架是内心即各顶点间的角平分线,正方形和长方形的骨架如解图 4 所示。

解图 4

题 8.7　写出题 8.7 图中图形的形状数和阶数。

解答　设题 8.7 图中左上角的像素为起点,则其四链码为 000332123211,差分码为 300303311330,形状数为 003033113303,阶数为 12。

题 8.8　在数字图像中,区域的周长和面积有几种计算方法? 各有何特点?

解答　(1) 在数字图像中,区域的周长一般定义为该区域外连通边界线(最长的封闭曲线)的长度,因此,周长既与连通性(四连通还是八连通)有

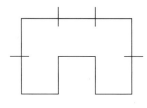

题 8.7 图

关,也与距离的计算方法有关。距离的计算主要包括欧几里得距离计算法：$D_E(p,q)=\sqrt{(m_1-m_2)^2+(n_1-n_2)^2}$，街区距离计算法：$D_4(p,q)=|m_1-m_2|+|n_1-n_2|$ 和棋盘距离计算法：$D_8(p,q)=\max\{|m_1-m_2|,|n_1-n_2|\}$。其中,利用欧几里得距离计算法的结果较精确,但运算量也较大;而另外两种计算方法,可大大减少运算量。

实际应用中,对于八连通通常用欧几里得距离计算法,并将水平和垂直方向上相邻的两像点间的距离看作1,则对角方向上相邻的两像点的距离就为 $\sqrt{2}$。比如,对于八链码法表示的边界,其边界曲线长度 L 可定义为

$$L=\sum_{i=1}^{M}l_i$$

式中,$l_i=\begin{cases}1, & \varepsilon_i=0,2,4,6 \\ \sqrt{2}, & \varepsilon_i=1,3,5,7\end{cases}$。这里的 $\varepsilon_i(i=0,1,\cdots,7)$ 代表八链码中8个方向的码元。当区域边界曲线闭合时,长度 L 即为区域边界周长 P。

而对于四连通通常用街区距离计算法,并将水平和垂直方向上相邻的两像点间的距离看作1。比如,对于四链码法表示的边界,其边界曲线长度 L 可定义为

$$L=\sum_{i=1}^{M}l_i$$

式中,$l_i=1,\varepsilon_i=0,1,2,3$。这里的 $\varepsilon_i(i=0,1,2,3)$ 代表四链码中4个方向的码元。

(2) 在数字图像中,区域的面积通常采用两种方法计算:一种方法是将区域内包含的像素个数作为面积;另一种方法是将相邻四像素围成的方格(认为是正方形)的面积定义为1,则区域内包含的方格的数目就定义为区域的面积。这两种方法都可以作为区域面积的计算,前者主要用在基于像素个数统计的图像特征提取中,而后者主要用在基于链码表示的图像特征提取中。两种方法的计算复杂度和结果精确度基本相当,但后者方法较常用。

这里计算出的周长和面积,主要用于图像特征的获取,都是相对值。

题8.9 求出题8.9图中目标区域的周长和面积。

解答 从题8.9图中可以看出,目标区域边界为八连通的闭合曲线,其周长和面积可以用八连通的计算方法。左上角的点为起点的目标区域八链码为00706565224313,定义水平和垂直方向单位长度为1,对角线方向单位长度为 $\sqrt{2}$,则可以得到边界区域的周长为

$$6\times\sqrt{2}+8\times1=8+6\sqrt{2}$$

同理,定义相邻的4个像素组成的方格面积为1,则该八连通目标区域的面积为

$$S=1\times7+\frac{1}{2}\times6=10$$

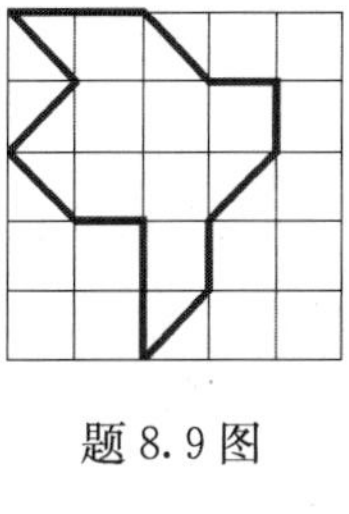

题8.9图

题 **8.10** 设一个 5×5 棋盘图像的左上角像素为 0,分别定义位置操作算子 W 是向右 1 个像素和向右 2 个像素,求这两种情况下的灰度共生矩阵。

解答 先画出该棋盘矩阵为

$$\begin{bmatrix} 0 & 1 & 0 & 1 & 0 \\ 1 & 0 & 1 & 0 & 1 \\ 0 & 1 & 0 & 1 & 0 \\ 1 & 0 & 1 & 0 & 1 \\ 0 & 1 & 0 & 1 & 0 \end{bmatrix}$$

由于只有 0 和 1 两个灰度等级,灰度共生矩阵大小是 2×2。当位置操作算子 W 是向右 1 个像素时,

$$\boldsymbol{A} = \begin{bmatrix} a_{11} & a_{12} \\ a_{21} & a_{22} \end{bmatrix} = \begin{bmatrix} 0 & 10 \\ 10 & 0 \end{bmatrix}$$

而当 $\boldsymbol{W}$ 是向右 2 个像素时,

$$\boldsymbol{A} = \begin{bmatrix} a_{11} & a_{12} \\ a_{21} & a_{22} \end{bmatrix} = \begin{bmatrix} 8 & 0 \\ 0 & 7 \end{bmatrix}$$

再经过归一化,可以得到两个灰度共生矩阵分别为

$$\begin{bmatrix} 0 & \dfrac{1}{2} \\ \dfrac{1}{2} & 0 \end{bmatrix} \text{和} \begin{bmatrix} \dfrac{8}{15} & 0 \\ 0 & \dfrac{7}{15} \end{bmatrix}$$

题 **8.11** 求下列矩阵的等游程矩阵:

$$\begin{bmatrix} 0 & 1 & 1 & 2 \\ 3 & 2 & 0 & 0 \\ 3 & 2 & 2 & 1 \\ 3 & 0 & 1 & 3 \end{bmatrix}$$

解答 该矩阵的灰度级别为

$$\begin{bmatrix} 1 & 2 & 2 & 3 \\ 4 & 3 & 1 & 1 \\ 4 & 3 & 3 & 2 \\ 4 & 1 & 2 & 4 \end{bmatrix}$$

则该矩阵的等游程矩阵如下:

$$\boldsymbol{M}^{\langle 0°\rangle} = \begin{bmatrix} 2 & 1 & 0 & 0 \\ 2 & 1 & 0 & 0 \\ 2 & 1 & 0 & 0 \\ 4 & 0 & 0 & 0 \end{bmatrix}, \quad \boldsymbol{M}^{\langle 45°\rangle} = \begin{bmatrix} 4 & 0 & 0 & 0 \\ 2 & 1 & 0 & 0 \\ 4 & 0 & 0 & 0 \\ 4 & 0 & 0 & 0 \end{bmatrix}$$

$$\boldsymbol{M}^{\langle 90° \rangle} = \begin{bmatrix} 4 & 0 & 0 & 0 \\ 4 & 0 & 0 & 0 \\ 2 & 1 & 0 & 0 \\ 1 & 0 & 1 & 0 \end{bmatrix}, \quad \boldsymbol{M}^{\langle 135° \rangle} = \begin{bmatrix} 4 & 0 & 0 & 0 \\ 4 & 0 & 0 & 0 \\ 2 & 1 & 0 & 0 \\ 4 & 0 & 0 & 0 \end{bmatrix}$$

题 8.12 (1) 画出用一个半径为 $r/4$ 的圆形结构元素膨胀 1 个半径为 r 的圆的示意图;

(2) 画出用上述结构元素膨胀一个 $r \times r$ 的正方形的示意图;

(3) 画出用上述结构元素膨胀一个侧边长为 r 的等腰三角形的示意图;

(4) 将(1)、(2)、(3)中的膨胀改为腐蚀,分别画出示意图。

解答 (1) 用一个半径为 $r/4$ 的圆形结构元素膨胀一个半径为 r 的圆,膨胀后是一个半径为 $r+r/4$ 的圆,示意图如解图 5 所示。

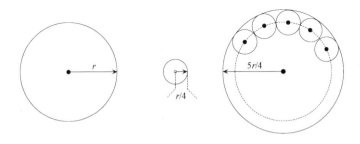

解图 5

(2) 用一个半径为 $r/4$ 的圆形结构元素膨胀一个 $r \times r$ 的正方形,膨胀后是一个边长是 $r+r/2$ 的有倒角(圆弧)的正方形,示意图如解图 6 所示。

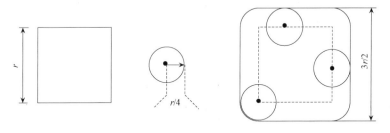

解图 6

(3) 用一个半径为 $r/4$ 的圆形结构元素膨胀一个侧边长为 r 的等腰三角形,示意图如解图 7 所示。

(4) 将前面的膨胀改为腐蚀,得到的结果如解图 8 所示。

题 8.13 若灰度相似准则 $V=\{1\}$,试按四连通和八连通分别标出题 8.13 图所示图像的目标物区域边界。

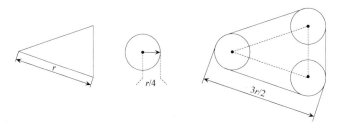

解图 7

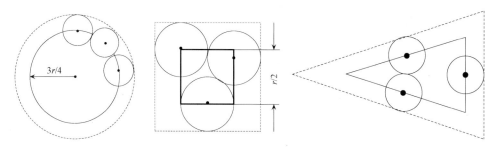

解图 8

0	0	0	0	0	0	0	0
0	0	1	1	1	1	0	0
0	1	1	1	1	1	1	0
0	1	1	1	1	1	1	0
0	1	1	1	1	1	1	0
0	1	1	1	1	1	1	0
0	0	1	1	1	1	0	0
0	0	0	0	0	0	0	0

题 8.13 图

解答 根据边界的定义,以及边界点集合 S 和 S 的补集 S^c 的连通性对应关系,图像的目标物区域边界如题 8.13 图所示,其中边界点用 1 表示,背景点用 0 表示,非边界的目标物点用空格表示。

(1) 四连通目标物区域边界。四连通目标物区域边界由四连通的边界点组成,其中四连通的边界点由值为 1 且有八连通的相邻 0 值点的目标物点组成,如解图 9 所示。

0	0	0	0	0	0	0	0
0	0	1	1	1	1	0	0
0	1	1			1	1	0
0	1					1	0
0	1					1	0
0	1	1			1	1	0
0	0	1	1	1	1	0	0
0	0	0	0	0	0	0	0

解图9

（2）八连通目标物区域边界。八连通目标物区域边界由八连通的边界点组成，其中八连通的边界点由值为 1 且有四连通的相邻 0 值点的目标物点组成，如解图 10 所示。

0	0	0	0	0	0	0	0
0	0	1	1	1	1	0	0
0	1					1	0
0	1					1	0
0	1					1	0
0	1					1	0
0	0	1	1	1	1	0	0
0	0	0	0	0	0	0	0

解图10

题 8.14　对于图 8.1.5(a)（见《数字图像处理(第二版)》），若采用八连通($V=\{1\}$)，请标出其中的边界点、孤点、内点、曲线点和封闭曲线。

解答　图 8.1.5(a)（见《数字图像处理(第二版)》）的原图像如解图 11 所示，若采用八连通($V=\{1\}$)，则标出其中的边界点、孤点、内点、曲线点和封闭曲线如解图 12 所示。

	1		1	1	1		1	1	1
				1			1		1
	1	1	1	1		1		1		1
	1	1	1	1		1		1		1
	1	1	1	1		1		1		1
	1	1	1		1	1		1	1	1

解图11

a		a		c	c		d	d	d
					c		d		d
e	e	e	e		c		d		d
e	b	b	e		c		d		d
e	b	b	e		c		d		d
e	e	e	e		c	c	d	d	d

解图 12

其中,a 为孤点,b 为内点,c 为曲线点,d 为封闭曲线,a、c、d、e 为边界点。

上述结果似乎与主教材四连通的结果相同,这是因为八连通包含四连通。但如果对解图 11 中的目标 1 进行修改,四连通和八连通的结果就会不同,其中的道理大家可以通过解图 13、解图 14 和解图 15 去理解。

其中,解图 14 和解图 15 中 a、b、c、d、e 的标记含义同解图 12。

1		1		1			1		
				1		1	1		
	1	1		1		1	1		
1	1	1	1	1		1	1		
1	1	1	1	1		1	1		
	1	1			1		1		

解图 13

a		a	a				a		
				c		c		c	
	e	e		c		c		c	
e	e	e	e	c		c		c	
e	e	e	e	c		c		c	
	e	e			a		a		

解图 14(四连通,$V = \{1\}$)

a	a		c					d	
				c			d	d	
	e	e			c			d	d
e	b	b	e		c			d	d
e	b	b	e		c			d	d
	e	e				c		d	

解图 15 （八连通，$V = \{1\}$）

题 8.15 类似于图 8.1.6(见《数字图像处理(第二版)》)，请给出距中心点的距离不大于 4 的三种距离 $\left[D_E(p,q)、D_4(p,q) 和 D_8(p,q)\right]$ 对比图。

解答 （1）$D_E(p,q) \leqslant 4$，见解图 16。

				4				
			$\sqrt{10}$	3	$\sqrt{10}$			
		$2\sqrt{2}$	$\sqrt{5}$	2	$\sqrt{5}$	$2\sqrt{2}$		
	$\sqrt{10}$	$\sqrt{5}$	$\sqrt{2}$	1	$\sqrt{2}$	$\sqrt{5}$	$\sqrt{10}$	
4	3	2	1	0	1	2	3	4
	$\sqrt{10}$	$\sqrt{5}$	$\sqrt{2}$	1	$\sqrt{2}$	$\sqrt{5}$	$\sqrt{10}$	
		$2\sqrt{2}$	$\sqrt{5}$	2	$\sqrt{5}$	$2\sqrt{2}$		
			$\sqrt{10}$	3	$\sqrt{10}$			
				4				

解图 16

（2）$D_4(p,q) \leqslant 4$，见解图 17。

				4				
			4	3	4			
		4	3	2	3	4		
	4	3	2	1	2	3	4	
4	3	2	1	0	1	2	3	4
	4	3	2	1	2	3	4	
		4	3	2	3	4		
			4	3	4			
				4				

解图 17

（3）$D_8(p,q) \leqslant 4$，见解图 18。

4	4	4	4	4	4	4	4	4
4	3	3	3	3	3	3	3	4
4	3	2	2	2	2	2	3	4
4	3	2	1	1	1	2	3	4
4	3	2	1	0	1	2	3	4
4	3	2	1	1	1	2	3	4
4	3	2	2	2	2	2	3	4
4	3	3	3	3	3	3	3	4
4	4	4	4	4	4	4	4	4

解图 18

第9章　图像分类识别

9.1　学习要点

9.1.1　模板匹配

在被搜索图像中寻找模板,最基本的原则就是逐点进行匹配,通过计算相关函数来找到它在被搜索图像中的坐标位置。但是根据相关法来求匹配时,由于其需要逐点进行检测,计算量很大,要在 $(N-M+1)^2$ 个参考位置上做相关计算,其中除了一点之外,其余的匹配过程都是在做无用功。

9.1.2　特征匹配

模板匹配的计算量很大,匹配效率和精度也比较低。为此,在图像分割、特征点检测之后,可进行基于特征点的匹配。

最常用的特征点是图像中的一些特殊点,例如,边缘点、交界点和拐点等。特征点匹配的主要步骤如下:

(1) 选取特征点。

(2) 特征点的匹配。

(3) 对匹配结果进行插值。

特征匹配中的两种基本方法是字符串匹配和形状匹配。

9.1.3　监督分类法

所谓监督分类法就是根据预先已知类别名的训练样本,求出各类在特征空间的分布,然后利用它对未知数据进行分类的方法。它根据训练样本把特征空间分割成对应于各个类别的区域,在输入未知模式后判断这一特征矢量进入到哪个区域,就将区域的类别名赋予它。分类时要用到判别函数,常用的判别函数有:

(1) 距离函数。

(2) 统计决策理论(最大似然法)。

(3) 线性判别函数。

9.1.4　非监督分类法

非监督分类法是在无法得知类别先验知识的情况下,根据模式之间的相似度进行类别划分,将相似性强的模式划分为同一个类别,也称为聚类分析。

9.1.5　统计模式识别

统计模式识别是最基本的识别技术之一。首先经过数字化将图像信息转化为能够被计算机读取的数字信息,然后通过预处理来去除干扰和噪声,并将原始信息变成能够有利于提取图像特征的形式,最后再对预处理后的信息分析并进行特征提取。

9.1.6　结构模式识别

结构模式识别系统可认为由三个主要部分组成,分别是预处理、模式描述和句法分析。一般来说,识别的最简单方式可能是"样板匹配"。用表示一种输入模式的基元串与各种模型(也是用基元串表示的)相比较,按照选定的匹配准则,输入模式被划入匹配"最好"的那一类。另一种识别方法是研究全部层次结构信息。此外还有若干介于这两种方法之间的方法。

9.1.7　神经网络识别

模拟生物神经系统的某些功能,通过软件与硬件结合的方法,建立了许多以大量处理单元为结点,处理单元为实现(加权值)互联的拓扑网络,并进行上述模拟,人们称之为人工神经网络。

9.2　难点和重点

9.2.1　统计分类方法

把距离作为判别函数的分类法是最简单的分类法,常用的有最小距离分类法和最近邻域分类法。最小距离分类法用一个标准模式代表一类,所求距离就是两个模式之间的距离;而最近邻域分类法用一组标准模式代表一类,所求距离是一个模式同一组模式之间的距离。此外还有线性函数判别法和统计决策理论判别法等。

9.2.2　树分类法

把集合用特征 f_1 将其分成两组,然后再根据特征 f_2 和 f_3 进一步将它们各自分成两组,如此不断地进行下去,最终分别达到唯一的种类为止。

9.2.3　模式识别

识别方法的选取,通常取决于待识别的模式,若识别要求有完整的模式描述,就要分析全部层次结构信息,反之就可用较简单的方法提高识别过程的效率,避免作完整的层次结构分析。

9.3 典 型 例 题

例 9.1 描述图像内容的特征中,为什么常说形状特征比纹理特征或颜色特征的抽象层次高?

解答 纹理特征或颜色特征既可以描述整幅图像,也可以描述图像中的目标或区域;形状特征总是用来描述目标特性。从图像工程的角度来看,图像的分割和目标的描述是把原来以像素描述的图像或像素区域转变成比较简洁的对目标的描述,从低层的比较具体的图像处理进入到中层的比较抽象的图像分析。而纹理和颜色作为图像的基本特性,形状特征则作为图像中目标的抽象描述。因此,形状特征比纹理特征或颜色特征的抽象层次要高。

例 9.2 证明主教材中公式 (9.1.6) $Q = \max(\|A\|, \|B\|) - M$ 中,当且仅当 A 和 B 的字符串完全相同时该式取零值。

证明 其充分性见主教材中的内容。

必要性需要分成以下两种情况来讨论。

(1) A 的长度大于 B 的长度时,如果 A 的长度为 N,则必有 $N > M$(此时 B 的长度大于等于 M),即 $Q > 0$;如果将 A 和 B 互换,则可以证明出 B 的长度大于 A 的长度的情况。

(2) A 的长度等于 B 的长度时,如果 A 的长度为 N,且 $N \neq M$(即 A 和 B 并不是完全相同的字符串),则必有 $N > M$,即 $Q > 0$。

综上所述,当且仅当 A 和 B 是完全相同的字符串时,Q 才能取零值。

9.4 习题及解答

题 9.1 试说明模板匹配与 Hough 变换的联系,并分析比较它们在检测共线点时的计算量。

解答 在模板匹配中,目标检测是将模板与图像进行卷积,计算相关最大值来实现的。在 Hough 变换中,目标检测是将图像转化到参数空间,通过计算参考点来进行的。模板匹配时需要考虑图像中的所有像素,而利用 Hough 变换时只需考虑图像中的边缘点(在边缘检测的基础上)。

在检测共线点时,模板匹配可利用线状模板绕每个像素旋转以找到最大响应的方向,Hough 变换将检测共线点的问题转化为在参数空间检测交于一点的直线问题,或者说在参数空间寻找聚类的问题。设图像要检测的共线点共有 N 个(已通过边缘检测提取出来),直线的方向为 M 个,模板尺寸为 $k \times k$,则模板匹配的计算量正比于 NMk^2;而利用 Hough 变换时,计算量正比于 NM(即方向的量化值为

M）。因此，在检测共线点时，模板匹配的计算量要远远大于 Hough 变换的计算量。

题 9.2 一般哪些纹理参数可用于纹理匹配？讨论这些纹理参数相互之间满足什么关系时组合起来效果会更好。

解答 纹理匹配是对纹理描述符的匹配，所以各种纹理描述符都可使用，如纹理均匀性、傅里叶频谱等都可用于纹理匹配。另外，也可从纹理结构描述法的思路出发，考虑可描述基本纹理元素或排列基元规则或纹理模式的描述符。

不同纹理参数描述区域的不同特性，如粗细度、对比度、方向性、线状性、规则性、粗糙度或凹凸性等，它们有些相关，有些互补。从匹配效果的角度考虑，应尽量选择互补的参数，避免相关的参数。这样尽可能全面地描述区域纹理特性，全面地进行匹配。

题 9.3 除了常用的形状特征、纹理特征、颜色特征外，还有哪些描述图像内容的特征？

解答 除了常用的形状特征、纹理特征、颜色特征外，还有一些描述图像内容的特征，如空间位置和关系（分布）特征，序列图像还有运动特征、轨迹特征等。

题 9.4 如题 9.4 图所示，已知一幅图像，其中有一三角形子图像 $f_1(x,y)$，试用模板匹配方法确定出 $f_1(x,y)$ 的位置。

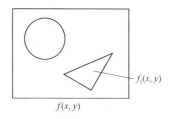

题 9.4 图

提示 可参考主教材中 9.1 节的内容，编程实现题 9.4 图中目标的相关匹配检测，答案从略。

参 考 文 献

陈传波,金先级. 2004. 数字图像处理. 北京:机械工业出版社

陈书海,傅录祥. 2005. 实用数字图像处理. 北京:科学出版社

陈武凡. 2002. 小波分析及其在图像处理中的应用. 北京:科学出版社

成礼智,王红霞,罗永. 2004. 小波的理论与应用. 北京:科学出版社

崔屹. 1997. 数字图像处理技术与应用. 北京:电子工业出版社

冯玉珉,邵玉明,张星. 1993. 数据图像压缩编码. 北京:中国铁道出版社

傅德胜,寿亦升. 2002. 图形图像处理学. 南京:东南大学出版社

甘金来. 2005. 图像边缘检测算法的比较研究. 成都:电子科技大学硕士学位论文

何斌. 2002. Visual C++数字图像处理. 北京:人民邮电出版社

何东健. 2003. 数字图像处理. 西安:西安电子科技大学出版社

黄华,齐春,孔玲莉等. 2003. 基于凸集投影和线过程模型的图像超分辨率重建. 西安交通大学学报,37(10):
    1059~1062

黄贤武,王加俊,李家华. 2000. 数字图像处理与压缩编码技术. 成都:电子科技大学出版社

霍宏涛. 2002. 数字图像处理. 北京:北京理工大学出版社

贾永红. 2001. 计算机图像处理与分析. 武汉:武汉大学出版社

贾永红. 2003. 数字图像处理. 武汉:武汉大学出版社

景晓军. 2005. 图像处理技术及其应用. 北京:国防工业出版社

郎锐. 2003. 数字图像处理学 VC++实现. 北京:北京希望电子出版社

李朝晖. 2004. 数字图像处理及应用. 北京:机械工业出版社

李在铭等. 2000. 数字图像处理、压缩与识别技术. 成都:电子科技大学出版社

刘榴娣,刘明奇,党长民. 1998. 实用数字图像处理. 北京:北京理工大学出版社

刘明才. 2005. 小波分析及其应用. 北京:清华大学出版社

龙璐岚. 2006. 基于虹膜的身份识别技术研究——预处理研究,西安:西安电子科技大学本科毕业论文

陆系群,陈纯. 2001. 图像处理原理、技术与算法. 杭州:浙江大学出版社

陆宗骐. 2005. C/C++图像处理编程. 北京:清华大学出版社

吕凤军. 1999. 数字图像处理编程入门——做一个自己的 Photoshop. 北京:清华大学出版社

马颂德,张正友. 2003. 计算机视觉——计算理论与算法基础. 北京:科学出版社

缪绍纲. 2001. 数字图像处理——活用 Matlab. 成都:西南交通大学出版社

彭玉华. 1999. 小波变换与工程应用. 北京:科学出版社

容观澳. 2000. 计算机图像处理. 北京:清华大学出版社

阮秋琦. 2001. 数字图像处理学. 北京:电子工业出版社

芮杰,吴冰,秦志远. 2005. 一种稳健的自适应图像平滑算法. 中国图像图形学报,10(1)

沈庭芝,方子文. 1998. 数字图像处理及模式识别. 北京:北京理工大学出版社

苏秉华,金伟其,牛丽红等. 2001. 超分辨率图像复原及其进展. 光学技术,27(1):6~9

孙即祥. 2004. 图像处理. 北京:科学出版社

孙即祥. 2005. 图像分析. 北京:科学出版社

孙即祥等. 2005. 图像压缩与投影重建. 北京:科学出版社

孙景荣. 2003. 油田工程图的线划提取与矢量化. 西安:西安电子科技大学硕士学位论文

田捷,沙飞,张新生. 1995. 实用图像分析与处理技术. 北京:电子工业出版社

田启川,潘泉,张洪才,等. 2005. Hough 变换在虹膜区域分割中的应用. 计算机应用.(1):1~3

王积分,张新荣. 1988. 计算机图像识别. 北京:中国铁道出版社

夏德深,傅德胜. 1997. 现代图像处理技术与应用. 南京:东南大学出版社

许殿元,丁树柏. 1990. 遥感图像信息处理. 北京:宇航出版社

许录平,姚静. 2007. 一种图像快速超分辨率复原方法. 西安电子科技大学学报,34(3):382~385,408

许录平. 2017. 数字图像处理(第二版). 北京:科学出版社

杨福生. 1999. 小波变换的工程分析与应用. 北京:科学出版社

杨宜禾,周维真. 1991. 成像跟踪技术导论. 西安:西安电子科技大学出版社

余松煜,周源华,吴时光. 1989. 数字图像处理. 北京:电子工业出版社

张新明,沈兰荪. 2003. 在小波变换域内实现图像的超分辨率复原. 计算机学报,26(9):1183~1189

张旭东,卢国栋,冯健. 2004. 图像编码基础和小波压缩技术——原理、算法和标准. 北京:清华大学出版社

章毓晋. 1999. 图像工程(上)——图像处理和分析. 北京:清华大学出版社

章毓晋. 2002. 图像处理和分析基础. 北京:高等教育出版社

赵荣椿等. 2000. 数字图像处理导论. 西安:西北工业大学出版社

赵宗刚. 2005. 用 VC++实现数字图像处理的图像分割算法. 西安:西安电子科技大学本科毕业论文

周新伦,柳健,刘华志. 1986. 数字图像处理. 北京:国防工业出版社

朱秀昌,刘峰,胡栋. 2002. 数字图像处理与图像通信. 北京:北京邮电大学出版社

邹谋炎. 2001. 反卷积与信号复原. 北京:国防工业出版社

左飞. 2014. 数字图像处理原理与实践(MATLAB 版). 北京:电子工业出版社

Bose T. 2004. Digital Signal and Image Processing(影印版). 北京:高等教育出版社

Castleman K R. 2002. 数字图像处理. 朱志刚等译. 北京:电子工业出版社

Cherkassky V,Mulier F. 1997. Learning from Data:Concepts Theory and Methods. NY:John Viley&Sons

David Salomon. 2003. 数据压缩原理与应用. 2 版. 吴乐南等译. 北京:电子工业出版社

Elad M,Feuer A. 1996. Super-resolution reconstruction of an image. Proc. 19th IEEE Conf. on Electrical and Electronics Engineers,Israel:391~394

Farsiu S,Robinson D,Elad M, et al. 2004. Advances and challenges in super-resolution. International Journal of Imaging Systems and Technology,14(2):47~72

Friedrich M Wahl. 1993. 数字图像信号处理"原理、方法与实例". 王宗海等译. 上海:上海远东出版社

Gonzalez R C,et al. 2003. 数字图像处理. 2 版. 阮秋琦等译. 北京:电子工业出版社

Hunt B R. 1999. Super-resolution of imagery:understanding the basis for recovery of spatial frequencies beyond the diffraction limit. Proceedings of Information,Decision and Control,Adelaide,Australia:243~248

Park S C,Park M K. 2003. Super-resolution image reconstruction:a technical overview. IEEE Signal Processing Magazine:21~36

Petrou M,2005. 数字图像处理疑难解析. 赖剑煌等译. 北京:机械工业出版社

Petrou M,Bosdogianni P. 2005. 数字图像处理疑难解析. 赖剑煌,冯国灿译. 北京:机械工业出版社

Pratt W K. 2005. 数字图像处理. 3 版. 邓鲁华,张延恒等译. 北京:机械工业出版社

Said A,Pearlman W. 1996. A new, fast and efficient image codec based on set partitioning in hierarchical trees. IEEE Trans on Circuits Systems for Video Technology,6(3):243~250

Shapiro J M. 1993. Embedded image coding using zerotrees of wavelet coefficients. IEEE Trans on Signal Processing,41(12):3445~3462

Sina Farsiu, Dirk Robinson M,Elad M. 2004. Fast and robust multiframe super resolution. IEEE Trans. On Image Processing,13(10):1327~1344

Taubman D. 2000. High performance scalable image compression with EBCOT. IEEE Trans on Image Processing,9(7):1158~1170

http://210.41.4.20/course/58/58/MMT/MMT03-02-2.htm.

http://datacompression.info/ArithmeticCoding.shtml

附录 数字图像处理上机实验题及参考答案

附录 A 上机实验题

实验题 1 产生附图 1 所示亮块图像 $f_1(x,y)$（128×128，暗处 $= 0$，亮处 $= 255$），对其进行 FFT：

(1) 同屏显示原图 f_1 和 FFT(f_1) 的幅度谱图。

(2) 若令 $f_2(x,y) = (-1)^{x+y} f_1(x,y)$，重复以上过程，比较二者幅度谱的异同，简述理由。

(3) 若将 $f_2(x,y)$ 顺时针旋转 $45°$ 得到 $f_3(x,y)$，试显示 FFT(f_3) 的幅度谱，并与 FFT(f_2) 的幅度谱进行比较。

附图 1

实验题 2 对 256×256、256 级灰度的数字图像 lena. img 进行频域的理想低通、高通滤波，同屏显示原图、幅度谱图和低通、高通滤波的结果图。

实验题 3 对给定的两种 128×128、256 级灰度的数字图像（图像磁盘文件名分别为 Fing_128. img（指纹图）和 Cell_128. img（显微医学图像）进行如下处理：

(1) 对原图像进行直方图均衡化处理，同屏显示处理前后图像及其直方图，比较异同，并回答为什么数字图像均衡化后其直方图并非完全均匀分布。

(2) 对原图像加入高斯噪声，用 4-邻域平均法平滑加噪声图像（图像四周边界不处理，下同），同屏显示原图像、加噪图像和处理后的图像。

① 不加门限；

② 加门限 $T = 2 \overline{f(m,n)}$，其中 $\overline{f(m,n)} = \dfrac{1}{N^2} \sum\limits_{i} \sum\limits_{j} f(i,j)$。

实验题 4 (1) 用 Laplacian 锐化算子（分 $\alpha = 1$ 和 $\alpha = 2$ 两种情况）对 256×256、256 级灰度的数字图像 lena. img 进行锐化处理，显示处理前、后图像。

(2) 若令

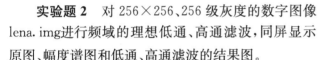

$g_1(m,n) = f(m,n) - \alpha \nabla^2 f$

$g_2(m,n) = 4\alpha f(m,n) - \alpha[f(m-1,n) + f(m+1,n)$
$\qquad\qquad + f(m,n-1) + f(m,n+1) + f(m,n-1) + f(m,n+1)]$

则回答如下问题：

① $f(m,n)$、$g_1(m,n)$ 和 $g_2(m,n)$ 之间有何关系？

② $g_2(m,n)$ 代表图像中的哪些信息？

③ 由此得出图像锐化的实质是什么？

实验题 5　分别利用 Roberts、Prewitt 和 Sobel 边缘检测算子,对 256×256、256 级灰度的数字图像 lena. img 进行边缘检测,显示处理前、后图像。

上机题中给出的图像文件为无格式图像数据,事先存储于 E 盘的 img 目录。

附录 B　参　考　答　案

实验题 1　Matlab 源程序如下:

```
%      产生亮块图像 f1(x,y),并存储
col = 128;
f1 = zeros(col);
for i = 29：98,
   for j = 57：70
      f1(i,j) = 255;
   end
end
fid = fopen('e:/img/f1. img','wb');
fwrite(fid,f1,'uint8');
fclose(fid);

%      读取亮块图像文件 f1(x,y),并显示
size = 128;
fid = fopen('e:/img/f1. img','r');
f1 = zeros(size);
f1 = (fread(fid,[size,size],'uint8'));
fclose(fid);
figure(1);
subplot(1,2,1);
imagesc(f1,[0 255]);
axis image;
colormap(gray);
title('原图像 f1');

%      对 f1 作二维 FFT,显示频域结果
f1fft = zeros(size);
```

```
f1fft = fft2(f1);
figure(1);
subplot(1,2,2);
t = 1:1:size;
k = 1:1:size;
mesh(t,k,abs(f1fft(t,k)));
colormap(gray);
axis tight;
title('FFT(f1)的幅度谱图');


%      产生 f2(i,j):f2(i,j) = f1(i,j) * ( - 1)^(i + j)
f2 = zeros(size);
for i = 1:size
   for j = 1:size
       f2(i,j) = f1(i,j) * ( - 1)^(i + j);
   end
end
figure(2);
subplot(1,2,1);
imagesc(f2,[0 255]);
colormap(gray);
axis image;
title('图像 f2');


%      对 f2 作二维 FFT,显示频域结果
f2fft = zeros(size);
f2fft = fft2(f2);
figure(2);
subplot(1,2,2);
t = 1:1:size;
k = 1:1:size;
mesh(t,k,abs(f2fft(t,k)));
colormap(gray);
axis tight;
title('FFT(f2)的幅度谱图');
```

```
%      f1 顺时针旋转 45 度,再乘以(-1)^(x+y)
f3 = zeros(size);
f3 = imrotate(f1,-45,'crop');

for i = 1 : size
  for j = 1 : size
     f3(i,j) = f3(i,j) * (-1)^(i + j);
  end
end

figure(3);
subplot(1,2,1);
imagesc(f3,[0 255]);
axis image;
colormap(gray);
title('f1 旋转 45 度再中心化后得到的图像 f3');

%      对旋转后图像作二维 FFT,显示频域结果
f3fft = zeros(size);
f3fft = fft2(f3);
figure(3);
subplot(1,2,2);
t = 1 : 1:size;
k = 1 : 1:size;
mesh(t,k,abs(f3fft(t,k)));
colormap(gray);
axis tight;
title('FFT(f3)的幅度谱图');
clear;
```

程序运行结果如下:

(1) 产生的亮块图像 $f_1(x,y)$ 与 FFT(f_1)的幅度谱图如附图 2 所示。

结论 由于图像中的低频能量占了绝大部分,因此原图像的频谱中的较大值集中于四个角的低频部分。原图像的频谱图不能明显地反映图像的完整频谱。

(2) 令 $f_2(x,y) = (-1)^{x+y} f_1(x,y)$,则图像 f_2 与 FFT(f_2)的幅度谱图如附图 3 所示。

原图像 f1

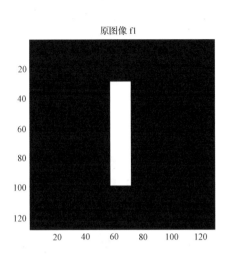

FFT(f1)的幅度谱图

$\times 10^5$

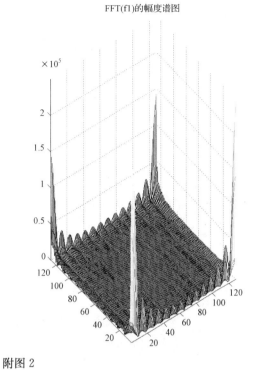

附图 2

图像 f2

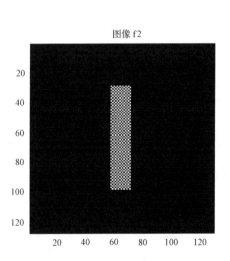

FFT(f2)的幅度谱图

$\times 10^5$

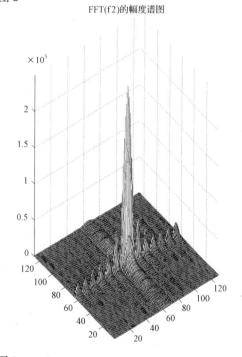

附图 3

结论　基于 DFT 的周期性及平移特性,若 $f_2(x,y) = (-1)^{x+y}f_1(x,y)$,则图像 $f_2(x,y)$ 的频谱为 $f_1(x,y)$ 的中心化频谱,即得到了图像的完整频谱。

(3) 若将 $f_2(x,y)$ 顺时针旋转 45°得到 $f_3(x,y)$,则 $f_3(x,y)$ 及 FFT(f_3)的幅度谱图如附图 4 所示。

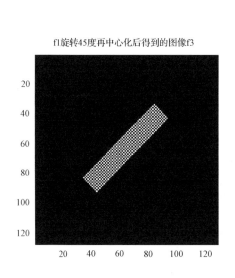

f1旋转45度再中心化后得到的图像f3

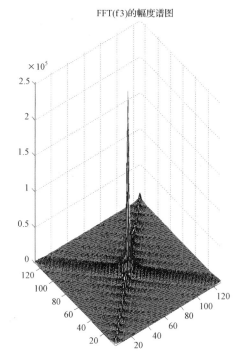

FFT(f3)的幅度谱图

附图 4

结论　图像顺时针旋转 45°,其频谱也顺时针旋转 45°,这就验证了离散傅里叶变换的旋转不变性。

实验题 2　1) 理想低通滤波

对数字图像 lena. img 进行频域的理想低通滤波,同屏显示原图、幅度谱图和低通滤波的结果图。其中,取理想低通滤波的半径 R 分别为 88、24、11 和 5。

Matlab 源程序如下:

```
%     存取图像文件,显示原图像
size = 256;
fid = fopen('e:/img/lena. img','r');
dat = zeros(size);
dat = (fread(fid,[size,size],'uint8'))';
fclose(fid);
figure(1);
```

```matlab
subplot(1,2,1);
imagesc(dat,[0 255]);
colormap(gray);
axis image;
title('原图像');
```

```matlab
%       对原图像作二维 DFT,显示频域结果
lenafft = zeros(size);
lenafft = fftshift(fft2(dat));
subplot(1,2,2);
i = 1 : 1 : size;
j = 1 : 1 : size;
mesh(i,j,abs(lenafft(i,j)));
colormap(gray);
axis([1 size 1 size 0 400000]);
title('幅度谱图');
```

```matlab
%       用理想低通滤波器作滤波处理,滤波半径分别为 88, 24, 11 和 5
r = [88 24 11 5];
for s = 1 : 4
    for i = 1 : size
        for j = 1 : size
            if sqrt((i - 128)^2 + (j - 128)^2) > r(s)   lenafft(i,j) = 0;
            end
        end
    end
```

```matlab
%       显示频域滤波结果
    figure(s + 1);
    subplot(1,2,2);
    i = 1 : 1 : size;
    j = 1 : 1 : size;
    mesh(i,j,abs(lenafft(i,j)));
    colormap(gray);
    axis([1 size 1 size 0 400000]);
```

```
%      对滤波结果作 IDFT,显示图像滤波结果
     dat = ifft2(lenafft);
     figure(s+1);
     subplot(1,2,1);
     imagesc(abs(dat),[0 255]);
     colormap(gray);
     axis image;
end
clear
```

程序运行结果如下:

(1) 原图像及其频谱图如附图 5 所示。

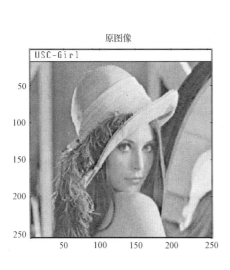

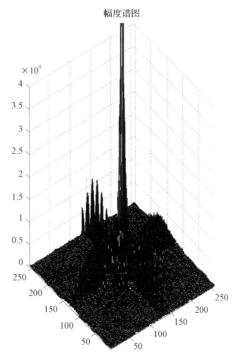

附图 5

(2) $R=88$ 时的理想低通滤波结果图和滤波器频谱图如附图 6 所示。

(3) $R=24$ 时的理想低通滤波结果图和滤波器频谱图如附图 7 所示。

(4) $R=11$ 时的理想低通滤波结果图和滤波器频谱图如附图 8 所示。

(5) $R=5$ 时的理想低通滤波结果图和滤波器频谱图如附图 9 所示。

结论 当 $R=5$ 时,滤波后的图像很模糊,无法分辨;

当 $R=11$ 时,滤波后的图像比较模糊,但基本能分辨出人脸的形状;

当 $R=24$ 时,滤波后的图像有些模糊,能分辨出脸上的轮廓,但由于理想低通

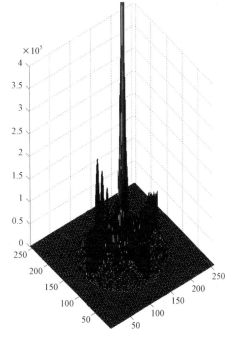

附图 6

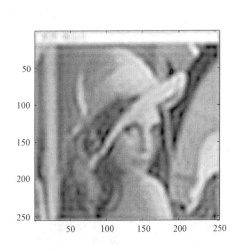
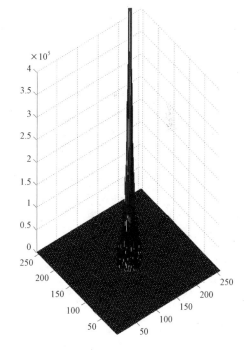

附图 7

· 183 ·

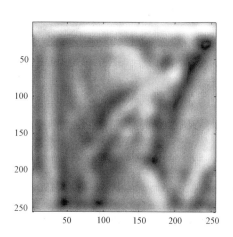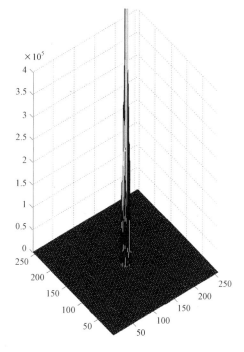

附图 8

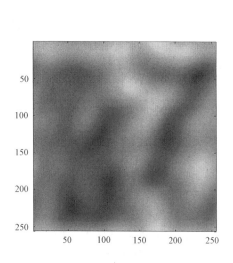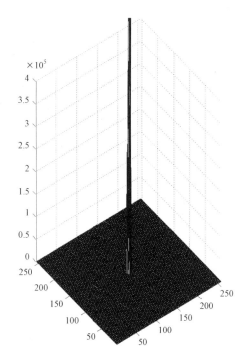

附图 9

滤波器在频域的锐截止特性,滤波后的图像有较明显的振铃现象;

当 $R=88$ 时,滤波后的图像比较清晰,但部分高频分量损失后,图像边缘有些模糊,在图像的边框附近仍有振铃现象。

2) 理想高通滤波

对数字图像 lena. img 进行频域的理想高通滤波,同屏显示原图、幅度谱图和高通滤波的结果图。其中,取理想高通滤波的半径 R 分别为 2、8 和 24。

Matlab 源程序如下:

```
%      存取图像文件,显示原图像
size = 256;
fid = fopen('e:/img/lena. img','r');
dat = zeros(size);
dat = (fread(fid,[size,size],'uint8'))';
fclose(fid);
figure(1);
subplot(1,2,1);
imagesc(dat,[0 255]);
colormap(gray);
axis image;
title('原图像');


%      对原图像作二维 DFT,显示频域结果
lenafft = zeros(size);
lenafft = fftshift(fft2(dat));
subplot(1,2,2);
i = 1:1:size;
j = 1:1:size;
mesh(i,j,abs(lenafft(i,j)));
colormap(gray);
axis([1 size 1 size 0 400000]);
title('幅度谱图');


%      用理想高通滤波器作滤波处理,滤波半径分别为 2,8 和 24
r = [2 8 24];
for s = 1:3
   for i = 1:size
      for j = 1:size
         if sqrt((i-128)^2 + (j-128)^2) < r(s) lenafft(i,j) = 0;
```

```
            end
        end
    end
```

```
%    显示频域滤波结果
    figure(s + 1);
    subplot(1,2,2);
    i = 1 : 1 : size;
    j = 1 : 1 : size;
    mesh(i,j,abs(lenafft(i,j)));
    colormap(gray);
    axis([1 size 1 size 0 400000]);
```

```
%    对滤波结果作 IDFT,显示图像滤波结果
    dat = ifft2(lenafft);
    figure(s + 1);
    subplot(1,2,1);
    imagesc(abs(dat));
    colormap(gray);
    axis image;
end
clear
```

程序运行结果如下:

(1) 原图像及其频谱图如附图 10 所示。

(2) $R = 2$ 时的理想高通滤波结果图和滤波频谱图如附图 11 所示。

(3) $R = 8$ 时的理想高通滤波结果图和滤波频谱图如附图 12 所示。

(4) $R = 24$ 时的理想高通滤波结果图和滤波频谱图如附图 13 所示。

结论　高通滤波相当于图像边缘检测,即保留高频部分。

当 $R = 2$ 时,滤波后的图像无直流分量,但图像中灰度的变化部分基本保留;

当 $R = 8$ 时,滤波后的图像在文字和图像边缘部分的信息仍然保留;

当 $R = 24$ 时,滤波后的图像只剩下文字和较强边缘部分。

实验题 3　1) 图像的直方图均衡化处理

Matlab 源程序如下:

```
%    存取图像文件,显示原图像和直方图
size = 128;
fid = fopen('e:/img/fing_128.img','r');
```

原图像

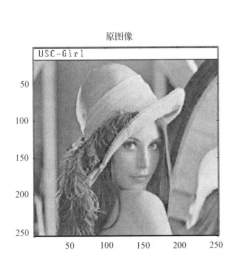

幅度谱图

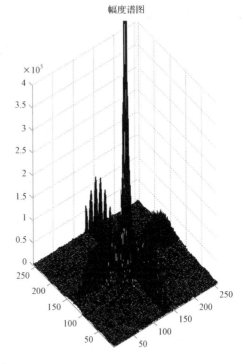

附图 10

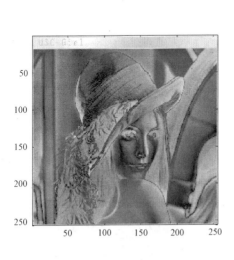

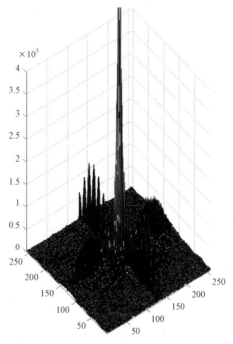

附图 11

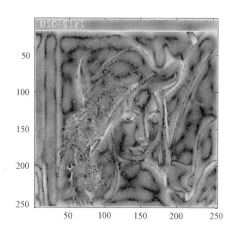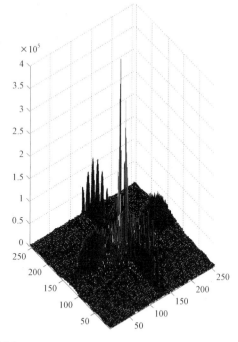

附图 12

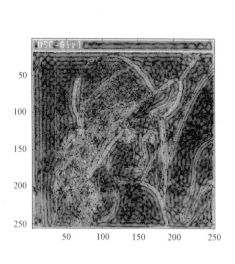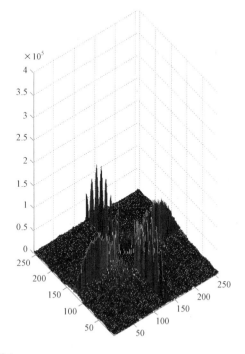

附图 13

```
fingdat = zeros(size);
fingdat = (fread(fid,[size,size],'uint8'))';
fclose(fid);
fid = fopen('e:/img/cell_128.img','r');
celldat = zeros(size);
celldat = (fread(fid,[size,size],'uint8'))';
fclose(fid);

figure(1);
subplot(1,2,1);
imagesc(fingdat,[0 255]);
title('原图像');
colormap(gray);
axis image;
subplot(1,2,2);
imhist(uint8(fingdat),256);
title('原图像直方图');

figure(2);
subplot(1,2,1);
imagesc(celldat,[0 255]);
colormap(gray);
axis image;
title('原图像');
subplot(1,2,2);
imhist(uint8(celldat),256);
title('原图像直方图');

%    直方图均衡,显示均衡后的图像和直方图
fingdat = histeq(uint8(fingdat),256);
figure(3);
subplot(1,2,1);
imagesc(fingdat,[0 255]);
colormap(gray);
axis image;
title('直方图均衡化后的图像');
```

```
subplot(1,2,2);
imhist(uint8(fingdat),256);
title(´均衡化后的直方图´);


celldat = histeq(uint8(celldat),256);
figure(4);
subplot(1,2,1);
imagesc(celldat,[0 255]);
colormap(gray);
axis image;
title(´直方图均衡化后的图像´);
subplot(1,2,2);
imhist(uint8(celldat),256);
title(´均衡化后的直方图´);
clear;
```

程序运行结果如下:

(1) 原图像及其直方图如附图 14 所示。

(2) 均衡化处理后的图像及其直方图如附图 15 所示。

结论 对于较暗的指纹图像,由于其大部分像素的灰度取值较小,图像整体较暗。经过直方图均衡化处理后,目标物所占的灰度等级得到了扩展,对比度增强,使整个图像得到增强;同理,对于较亮的显微医学图像,由于其大部分像素的灰度取值较大,图像整体较亮。经过直方图均衡化处理后,目标物所占的灰度等级得到了扩展,对比度增强,使整个图像得到增强。

2) 图像的平滑滤波处理

Matlab 源程序如下:

```
%      存取图像文件,显示原图像
size = 128;
fid = fopen(´e:/img/cell_128.img´,´r´);
celldat = zeros(size);
celldat = (fread(fid,[size,size],´uint8´))´;
fclose(fid);
figure(1);
subplot(2,2,1);
imagesc(celldat,[0 255]);
colormap(gray);
title(´原图像´);
```

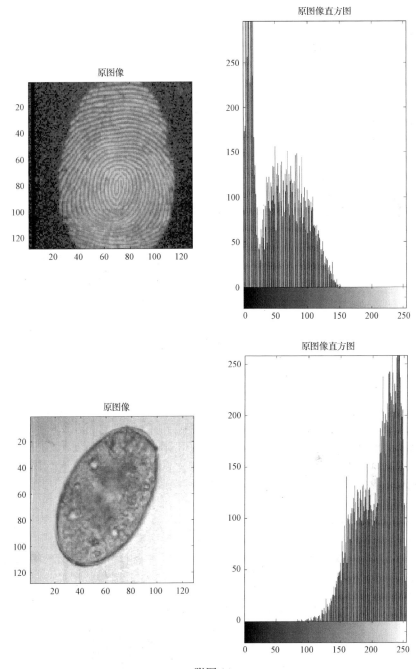

附图 14

```
axis image;
```

%   图像加噪并显示。高斯白噪声 m = 0, σ = 0.005

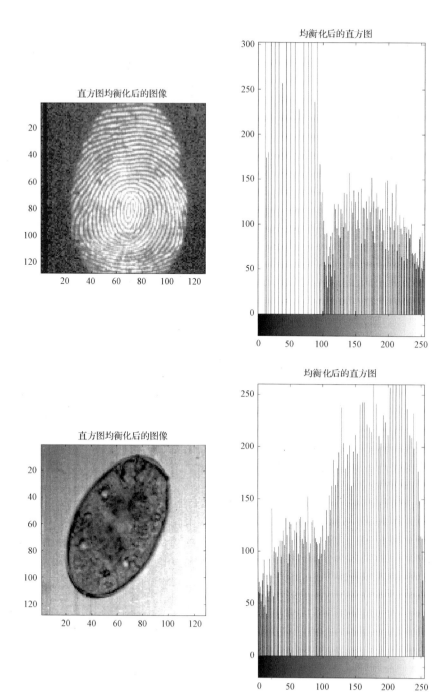

附图 15

```
cellnos = zeros(size);
cellnos = imnoise(uint8(celldat),'gaussian',0,0.005);
```

```
figure(1)
subplot(2,2,2);
imagesc(cellnos,[0 255]);
colormap(gray);
title('加噪图像 σ = 0.005');
axis image;

%      4-邻域平均法处理并显示处理后图像(无门限)
myfun = inline('mean([x(2) x(4) x(6) x(8)])');
celldat = nlfilter(cellnos,[3 3],myfun);
figure(1)
subplot(2,2,3);
imagesc(celldat,[0 255]);
colormap(gray);
title('无门限 4-邻域平均法');
axis image;

%      4-邻域平均法处理并显示处理后图像(加门限)
threshold = 2 * mean2(cellnos);
for i = 2:size - 1
    for j = 2:size - 1
        if abs(celldat(i,j) - double(cellnos(i,j))) < = threshold
            celldat(i,j) = cellnos(i,j);
        end
    end
end
figure(1)
subplot(2,2,4);
imagesc(celldat,[0 255]);
colormap(gray);
title('加门限 4-邻域平均法');
axis image;

%      存取图像文件,显示原图像
fid = fopen('e:/img/fing_128.img','r');
fingdat = zeros(size);
fingdat = (fread(fid,[size,size],'uint8'))';
```

```
fclose(fid);
figure(2);
subplot(2,2,1);
imagesc(fingdat,[0 255]);
colormap(gray);
title('原图像');
axis image;


%    图像加噪并显示。高斯白噪声 m = 0,σ = 0.005
fingnos = zeros(size);
fingnos = imnoise(uint8(fingdat),'gaussian',0,0.005);
figure(2)
subplot(2,2,2);
imagesc(fingnos,[0 255]);
colormap(gray);
title('加噪图像 σ = 0.005');
axis image;


%    4-邻域平均法处理并显示处理后图像(无门限)
myfun = inline('mean([x(2) x(4) x(6) x(8)])');
fingdat = nlfilter(fingnos,[3 3],myfun);
figure(2)
subplot(2,2,3);
imagesc(fingdat,[0 255]);
colormap(gray);
title('无门限 4-邻域平均法');
axis image;


%    4-邻域平均法处理并显示处理后图像(加门限)
threshold = 2 * mean2(fingnos);
for i = 2:size - 1
    for j = 2:size - 1
        if abs(fingdat(i,j) - double(fingnos(i,j))) < = threshold
            fingdat(i,j) = fingnos(i,j);
        end
    end
end
```

```
end
figure(2)
subplot(2,2,4);
imagesc(fingdat,[0 255]);
colormap(gray);
title('加门限4-邻域平均法');
axis image;
```

程序运行结果如附图 16 所示。

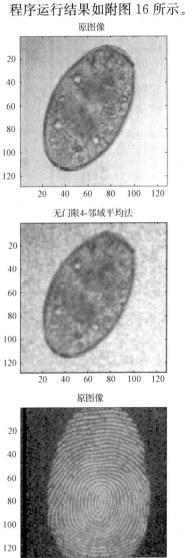
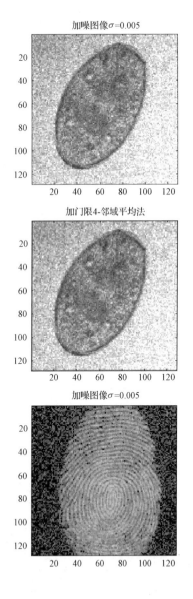

无门限4-邻域平均法

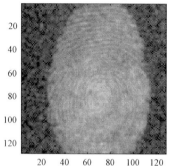

加门限4-邻域平均法

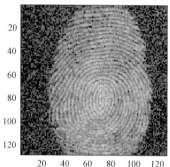

附图 16

结论 对加噪图像进行 4-邻域平滑后,去处了大部分的噪声,但也使目标物边缘变模糊。加门限后,目标物的边缘得到一定程度的保留。

实验题 4 1) 图像的 Laplacian 锐化处理

对 lena. img 进行 Laplacian 锐化处理,分别当 $\alpha = 1$ 和 $\alpha = 2$ 时,求出 $g_1(m,n) = f(m,n) - \alpha\nabla^2 f$。

Matlab 源程序如下(程序中 α 用 a 表示):

```
%      存取图像文件,显示原图像
size = 256;
fid = fopen('e:/img/lena.img','r');
celldat = zeros(size);
celldat = (fread(fid,[size,size],'uint8'))';
fclose(fid);
figure(1);
subplot(2,2,1);
imagesc(celldat,[0 255]);
colormap(gray);
axis image;
title('原图像');


%      Laplacian算子处理,求g1(m,n)
cellap = zeros(size);
a = [1 2];
b = {'a = 1 时的 g1 图像' 'a = 2 时的 g1 图像'};
for i = 1:2      % a = 1,2
   myfun = inline('4 * x(5) - x(2) - x(4) - x(6) - x(8)');
```

· 196 ·

```
cellap = celldat + a(i) * nlfilter(celldat,[3 3],myfun);
figure(1);
subplot(2,2,i+1);
imagesc(cellap,[0 255]);
colormap(gray);
axis image;
title(b{i});
end
clear;
```

程序运行结果如附图 17 所示。

原图像

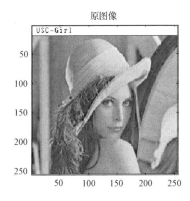

a=1时的g1图像

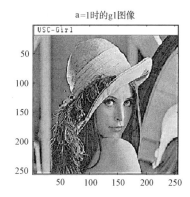

a=2时的g1图像

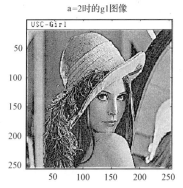

附图 17

结论 锐化系数 α 越大,锐化的强度越强。

2) 图像锐化的实质

分别当 $\alpha = 1$ 和 $\alpha = 2$ 时,求出 $g_2(m,n) = 4\alpha f(m,n) - \alpha[f(m-1,n) + f(m+1,n) + f(m,n-1) + f(m,n+1)]$。

Matlab 源程序如下(程序中 α 用 a 表示):

```
%       存取图像文件,显示原图像
size = 256;
fid = fopen('e:/img/lena.img','r');
celldat = zeros(size);
celldat = (fread(fid,[size,size],'uint8'))';
fclose(fid);
figure(1);
subplot(2,2,1);
imagesc(celldat,[0 255]);
colormap(gray);
axis image;
title('原图像');

%       基于 Laplacian 算子,求 g2(m,n)
cellap = zeros(size);
a = [1 2];
b = {'a = 1 时的 g2 图像' 'a = 2 时的 g2 图像'};
for i = 1:2    % a = 1,2
   myfun = inline('4 * x(5) - x(2) - x(4) - x(6) - x(8)');
   cellap = a(i) * nlfilter(celldat,[3 3],myfun);
   figure(1);
   subplot(2,2,i + 1);
   imagesc(cellap,[0 255]);
   colormap(gray);
   axis image;
   title(b{i});
end
   clear;
```

程序运行结果如附图 18 所示。

结论 因为 $g_1(m,n) = f(m,n) - \alpha \nabla^2 f$, $g_2(m,n) = -\alpha \nabla^2 f(m,n)$,所以 $f(m,n)$、$g_1(m,n)$ 和 $g_2(m,n)$ 之间有以下关系:

$$g_1(m,n) = f(m,n) + g_2(m,n)$$

$g_2(m,n)$ 代表了原图像中的边缘信息,$g_1(m,n)$ 是锐化(边缘增强)后的数字图像,由此可以得出:图像锐化的实质是将原图像与其边缘信息的叠加(边缘信息所占的比例由 α 的大小决定,α 值越大,则边缘信息所占的比例越大),相当于对目标物的边缘进行了增强。

原图像

a=1时的g2图像

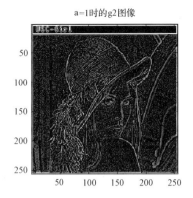

a=2时的g2图像

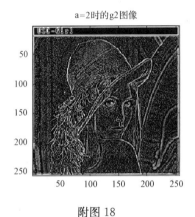

附图 18

实验题 5 分别利用 Roberts、Previtt 和 Sobel 三种梯度算子对 lena. img 进行边缘检测。

Matlab 源程序如下：

```
%       存取图像文件,并显示
size = 256;
fid = fopen('e:/img/lena. img','r');
celldat = zeros(size);
celldat = (fread(fid,[size,size],'uint8'))';
fclose(fid);
figure(1);
subplot(2,2,1);
imagesc(celldat,[0 255]);
colormap(gray);
axis image;
title('原图像');
```

```
%       分别用 Roberts,prewitt,sobel 算子处理并显示结果
celledge = zeros(size);
a = {´roberts´ ´prewitt´ ´sobel´};
for i = 1 : 3
    celledge = edge(celldat,a{i});
    figure(1);
    subplot(2,2,i + 1);
    imagesc(celledge);
    colormap(gray);
    axis image;
    title(a(i));
end
```

程序运行结果如附图 19 所示。

结论   由图示结果可见,使用 Roberts、Previtt 和 Sobel 算子都可进行图像边缘检测,其中加权平均差分的 Sobel 算子性能最好,平均差分的 Prewitt 算子性能稍差,4 点差分的 Roberts 算子性能最差。

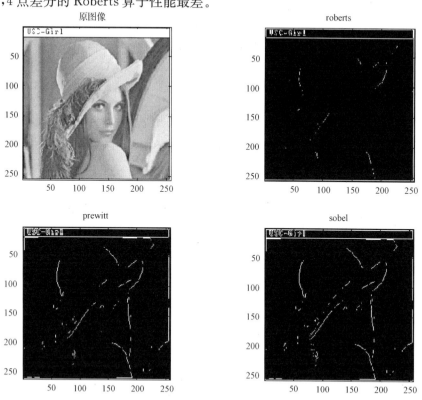

附图 19